李安的数学冒险

图形的变换

韩国唯读传媒　著
张楚卿　译

江西高校出版社

快乐地学数学

面对当今高科技的数字化时代，数学素养是创新型人才的必备素养。

数学学科是一门符号性质的抽象学科，是思维的体操，因此“爱学”“会学”数学应该是培育数学素养的主要渠道。三到十岁的孩子正处于以具体形象思维为主导形式逐步转向以抽象思维为主导形式的阶段，在面对他们时，如何才能让他们快乐地学数学、为数学素养打下基础呢？近期我阅读到一套科普漫画《李安的数学冒险》，这套书的架构和表述形式有一定的新意，并且对培养孩子的数学素养有很好的促进作用。

首先，这套书采用了卡通漫画的形式，并且在富有挑战性的故事中自然地插入这个年龄阶段该学的数学知识和概念。好奇心是孩子与生俱来的心理素养，孩子们对世界充满好奇，喜欢挑战、喜欢卡通人物以及他们的故事，所以这套书的形式和内容是符合这个年龄段孩子的心理需要的，因此这样的学习是快乐的。快乐的情绪就能产生“爱学”的行为，有了爱学数学的行为就有了主动学习数学的内驱力。

其次，本套书在数学知识的呈现上，可以较好地把孩子学习过程中使用的三种表征即动作表征、形象表征、符合表征和谐地结合起来。如《李安的数学冒险——加法和减法》这册书中关于学习进位加法这部分内容，从生活情境出发，从取盘子这件小事儿入手。书中人物先取了 29 个盘子，后又要取 7 个盘子，问一共取了多少盘子。本书在解答这个问题时层层递进，先把实际问题转化成模型，用模型表示 29 和 7 这两个数字，之后再引入数学符号 $\begin{array}{r} 29 \\ +\ 7 \\ \hline \end{array}$，这样的知识建构是符合这个年龄阶段孩子的认知规律的。

最后本套书能够注意在知识学习中渗透思维发展，让孩子在计算中学会思考，如《李安的数学冒险——加法和减法》这册书中关于进位加法的学习，在解答问题之前，先展示了孩子在学这部分知识时会出现的普遍性错误，如：

$$\begin{array}{r} 29 \\ +7 \\ \hline 99 \end{array} \qquad \begin{array}{r} 29 \\ +\ 7 \\ \hline 16 \end{array} \qquad \begin{array}{r} 29 \\ +\ 7 \\ \hline 216 \end{array}$$

让孩子在判断正误时想一想、说一说，从中学会数位、数值的一些基本概念，再用模型验证进位的过程。

孩子在这样的学习过程中可以学会独立思考，学会思考是数学素养的核心素养，也是教育者送给孩子的最好礼物。

张梅玲

张梅玲，中国科学院心理所研究员

著名教育心理学家

长期从事儿童数学认知发展的研究

人物介绍

李安（10岁）

现实世界的平凡学生，
喜欢与魔幻有关的小说、
游戏、漫画、电影，
不喜欢数学。
武器：悠悠球。

爱丽丝（7岁）

魔幻世界的公主。
富有好奇心。
武器：魔法棒。

菲利普（10岁）

魔幻世界的贵族，
计算能力出众。
剑术和魔法也比
同龄人强。
武器：剑。

诺米（10岁）

喜欢冒险、
活泼开朗的精灵族。
图形知识丰富。
使用图形魔法。
武器：弓。

帕维尔（10岁）

矮人族，擅长测量相关的数学知识。

武器：斧头，锤子。

吉利（13岁）

能变身为树木的芙萝族，学过所有的数学基础知识和魔法。

武器：琵琶。

沃尔特（33岁）

奥尼斯王宫的近卫队长，数学和魔法能力出众。擅长制造机器，为爱丽丝制造了一个机器人。

纳姆特

沃尔特为了保护爱丽丝而制造的机器人。

被李安击中之后成为了奇怪的机器人。

本书中的黑恶势力

佩西亚

想要称王的叛徒。为了抢夺智慧之星，他一直在追捕李安和爱丽丝。

武器：浑沌的魔杖。

西鲁克

佩西亚的忠诚属下，也是沃尔特的老乡。由于比不过沃尔特，总是排“老二”。所以他对沃尔特感到嫉妒和愤怒。

达尔干

奥尼斯领主德奥勒的亲信，但其实是佩西亚的忠诚属下。作为佩西亚的情报员，向佩西亚转达《光明之书》的秘密。

奴里麻斯

佩西亚的唯一的亲属，是佩西亚的侄子。从小在佩西亚的身边长大，盲目听从佩西亚。

旅程的开始

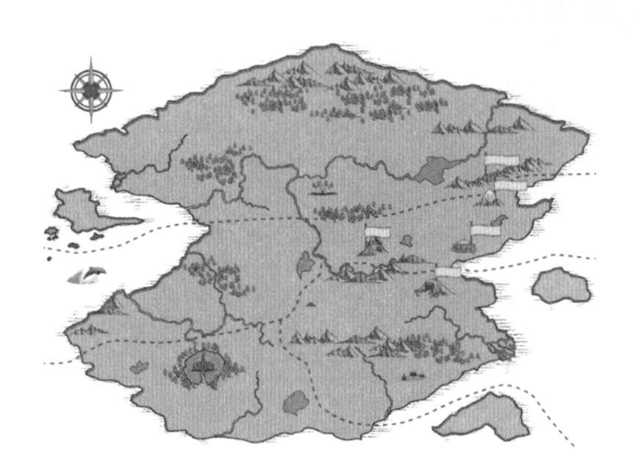

李安在现实世界是个不喜欢数学的平凡少年。

有一天，李安在博物馆里发现了一本书并连同书一起卷入了魔幻世界。

在魔幻世界，恶棍佩西亚占领了和平的特纳乐王国。

佩西亚用混沌的魔杖消除了世界上所有的数学知识。

没有了数学的魔幻世界陷入一片混乱。

沃尔特和爱丽丝好不容易逃出了王宫。

李安遇上沃尔特和爱丽丝，开始了冒险之旅……

目录

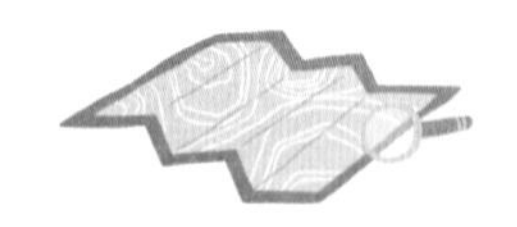

1. 预言

终于看到湖了。
这里还有个村子呢。

这个村子会不会有危险?
可能吧。

我们先观察一下吧。

一个人都没有。
怎么会这样？

我们先过去看看吧。
村子里太安静了。

啊，什么啊？！
是啊，这样比较好。
啊！

你是……
树……树开口说话了！
妖怪！

我可不是妖怪。
原来是吉利姐姐啊。
谁……谁啊？

好久不见！
吉利姐姐！
这到底是怎么
一回事啊？

别害怕。
我是芙萝族。
芙萝族？
啊，
原来如此！

吉利姐姐你怎么
会在这里啊？
苏伦告诉我
你们要来。

姐姐，见到你
真高兴！
李安也叫
姐姐啊。

我也可以叫你姐姐吗？
我是诺米！
我是帕维尔！
我也应该叫你姐姐。
哈哈，没问题！

这个村子真的好安静啊。
我们先去湖那边吧。

你们看！
湖上有东西。
是一座建筑呢。
好像浮在
水面上。

应该是在
那里。
那里会有碎片吗？
这里也没有船，
我们怎么过去呢？

这是什么啊?
好像是
告示牌……

这是什么意思?
图案好奇怪啊。

啊!
我知道该怎么做了。
怎么做?

这是一个简单
的拼图。
拼图?
我们要完成
这幅拼图。

看来要把4块拼图移到中间。
没错。
需要把它拼成一个
完整的图案。

但是根本挪不动。
那要怎么办呢?

也许我们可以
试试魔法?
魔法?
怎么用呢?

可以使用魔法移动
这些图片。
好神奇啊!

我先来试试。

哇!
真的动了!
吉利姐姐
好厉害!

这是精灵们使用的
图形平移魔法。
图形平移魔法?

这次换我来试试。

我们需要将图
片拼接起来。
但是我们要
怎么拼呢？

再向下一点！
向下平移一格。
再向左平移一格。

可以了吗？
图片只有位置
发生了变化。

我也想试试。
来，我帮你。

你先在脑海中想象一下……
图片平移后的样子。

移动图片时……
要怎么知道平移后的样子呢？

你用左下角的图片练习一下。
嗯，好的。

先用魔法向右平移。
向右?

先在脑海中思考一下……
移动后的样子吧。

好的。
我将左下角的图片……
向右平移试试。

我向右平移了一格。
好棒!

向右平移后，图片的模样没变。
是的。

你思考一下接下来该向哪个方向怎么移动。
下一步可以向上平移，拼成一个圆形。

图形平移!
唰!
成功了。

第一次就做得很好呢。
不愧是爱丽丝。

最后一个也交给爱丽丝吧?
好的!

图形平移!
唰!

果然图片只有位置发生了变化,形状根本不变。

这是什么图案？
这是禁止游泳的标志。

难道水里有
鲨鱼吗？
那我们怎么
过去呢？

那里有位老爷爷。
哦？
是啊。

我们过去问问吧。
好啊。
也许可以借到船。

爷爷，我们想去湖中心，
要怎么过去呢？
有船就能去。
哪里有船呢？

您能帮帮我们吗？

你们要去湖中的
神殿吗？

神殿？
湖中的建筑是神殿吗？

你们去那里做什么?
我们要找第二块……
我们要找点东西。

嗯……
难道今天正是预言提到的那天?
您在说什么啊?

你们去挂有这个牌子的地方看看吧。

这是什么图案啊?
找到一模一样的牌子
就好了嘛。

我们分头找吧。
好主意,这样可以
找得快一点。

我和纳姆特一起找。
我要和爱丽丝
一起。

我和李安一起。
为什么是我?

看来这里没有这个
图案的牌子。
是啊……

在那里!
看起来很像,
但不是这个。
我也觉得不是。

是吗?
那我们去别的
地方找找吧。
走吧。

我们那里没有。
我们也是。

那李安和诺米一定找到了。
我们在这等等吧。

他们回来了。

姐姐！
找到了吗？
没有，我们没找到。

什么？看来这里根本没有那样的牌子吗？
爷爷是不是说错了？

不会吧……
大家都仔细找过了吗？

我去的那边根本没有牌子。
我们那边也没有……

我看到了一个长得很像的！
真的吗？

但是和这个图案
不一样啊。
我也看到了，
是不一样的。

我们还是再去
确认一下吧。
好的。

那我们再去一次吧。
往那边走。

是我找到的。
现在还不能确定！

哦，那个牌子和纸上的图案一样啊。

什么？
那个牌子和纸上的图案不一样啊。

不，那是因为牌子的方向相反。
反过来的话只有前面和后面不一样啊。
这个牌子的图案完全不一样啊。

你跟我来。
去干吗？

你看，现在和纸上的图案一样了吧？
从背面看真的一模一样。
哦，真的一模一样！

你看，我说得没错吧！
……

总之找到了，我们先进去吧。

有人在吗？
感觉像是来到了
特沃夫村。
哇！
这些是什么啊？

好像一个人都
没有呢？
那里有楼梯通向2楼。

主人好像出去了。
我们等一会儿吧。

爱丽丝，
过来一下。
怎么了？

你看一下这个。
这是什么？

我把这个积木分别向左和向右翻转……
看似积木发生了变化，但其实没有，这个积木没有任何改变。
原来如此！

正如刚才看到的牌子,
牌子反过来,上面的图案就是反的。
所以,我才看错了啊。

那么可以向上向下
翻转吗?
当然可以了。你将它向上
向下翻转试试吧。
啊!即使向这么多个
方向翻转……
图形只有左右、上下
方向发生变化。
图形的大小和形状
完全没变啊。

接下来将这一图形
向右……
翻转试试吧?
向右翻转后……
得到的图形
应该会和原
图形对称。

没错。图形的翻转就像……
照镜子一样!
会得到一个对称的
图形。

如果能用镜子试一下
就好了。
我这里有镜子。

哇!
真的是这样。
要想了解图形翻转后
的样子,
就在那个方向放
一面镜子,
这样就很容易得到结果了。

你们是谁？！
我……我们是……
我……我们来找船。
那就出来！
嗯？
去哪儿？
我让你们离开那里！

从这儿下去就
能看到船。
这……这样啊。

这是一扇通向
地下的门啊。
我们脚踩的
这里就是。

你们需要找到钥匙。
钥匙吗？
钥匙长什么
样子啊？

钥匙和门上的图案
形状一样。

我们一起找吧。
在这种地方能找到吗?
你快去找吧。

我找到了!
这么快?

不过怎么这么重啊。
是不是搞错了?

是啊，看起来不太一样。
不，它和地板上的图案一模一样。

一模一样？
再怎么看都觉得不一样啊……

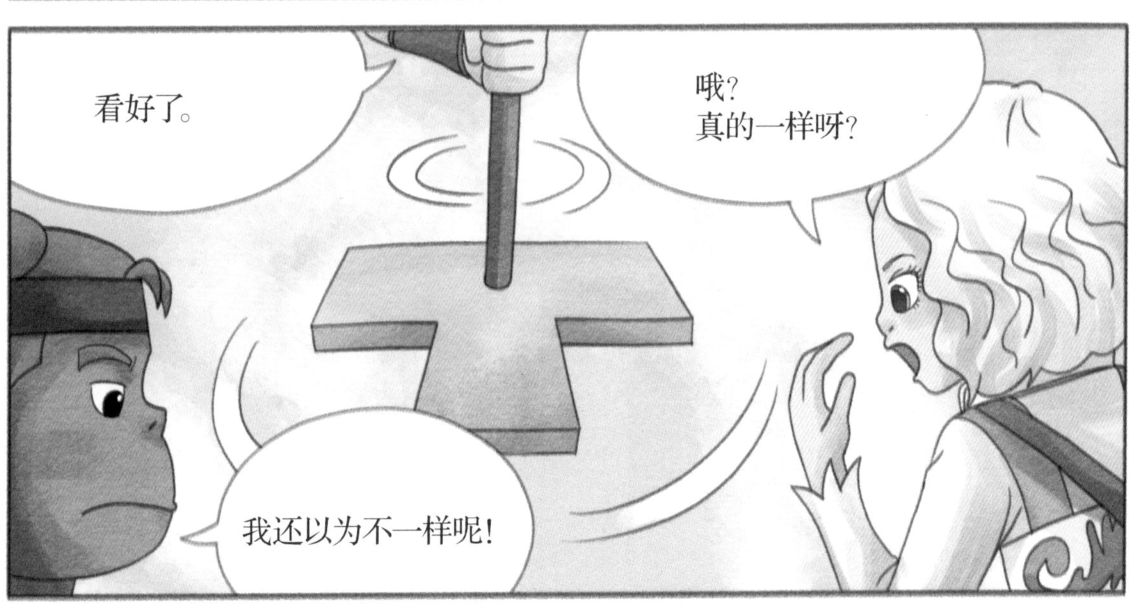
看好了。
哦？真的一样呀？
我还以为不一样呢！

这是图形的旋转。
图形旋转时，
方向会随之改变，但
形状和大小不变。

我也想试试。
好神奇啊。

我来帮你。
你仔细思考一下图形该向
哪个方向转动多少度。

原来旋转后的
样子……
可以提前在脑海
中预想啊。

别想得太难。
将“ ”
顺时针旋转
180°后会是
什么样子呢？
180°

90°
90°
顺时针转90°的话……
应该会变成“ ”这样，
再顺时针转90°后……
会变成“ ”这样。

接下来亲手转一下吧?
好的,我试试。

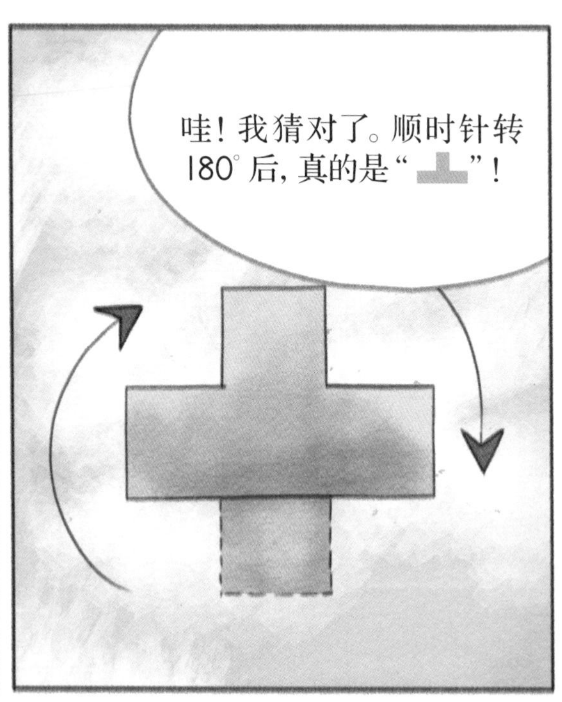
哇!我猜对了。顺时针转180°后,真的是“┻”!

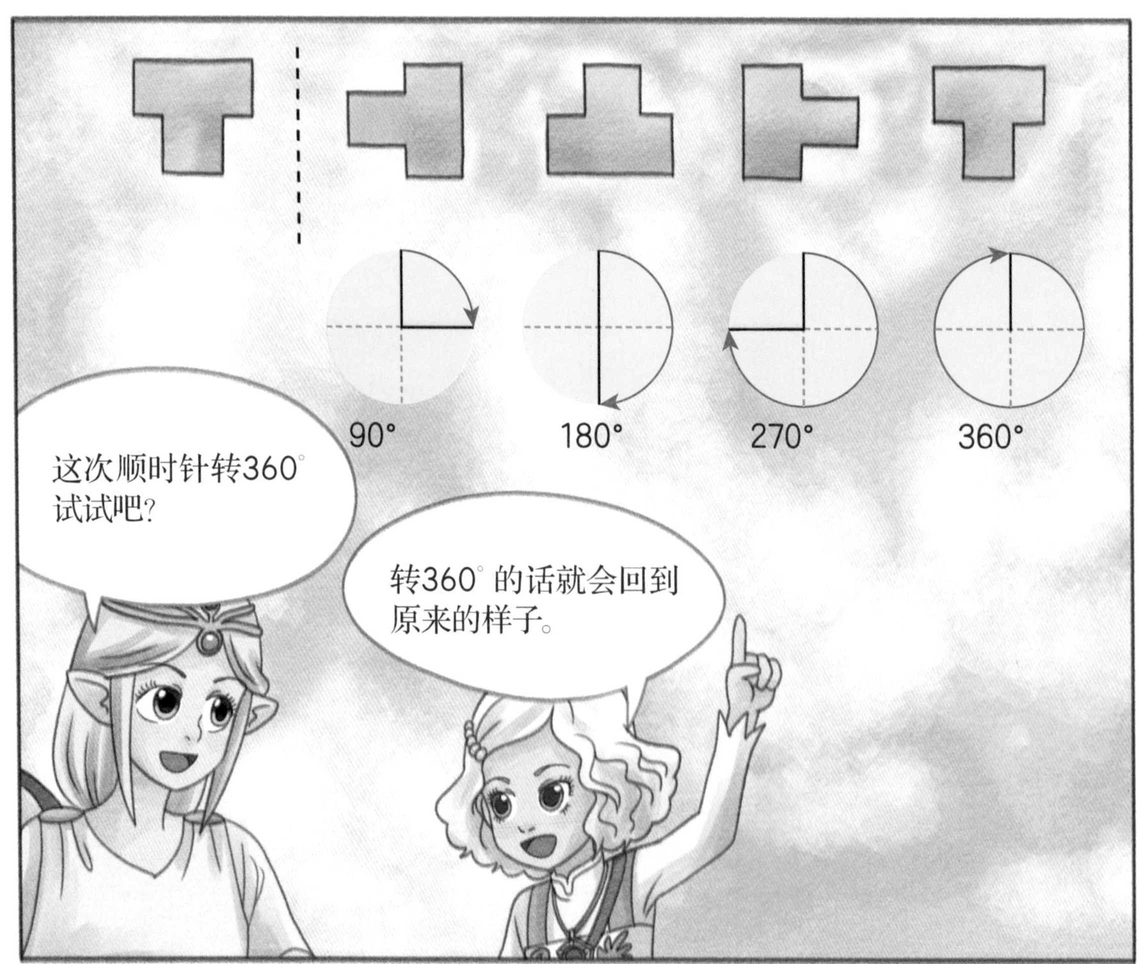
90°
180°
270°
360°
这次顺时针转360°试试吧?
转360°的话就会回到原来的样子。

你们要去神殿吗?
是的。

是怎么在水里建出一座
神殿的呢?
神殿不是在水里建成的。

那是怎么回事呢?
很久以前,这座村庄是
位于湖底的。

村民们都在守护神殿。
真的吗?

那湖是怎么来的呢?

有一天下了很大很大的雨。

村民们无可奈何才来
这里避难……
于是在这里建造了村子。

门开了。
从这里下去就有船。

预言中提到会有人
前来寻找神殿。

向寻找神殿的人提供
船是我的任务。
为什么呢?

因为预言说那些寻找神殿的人能使湖水退去……
帮我们找回原来的村庄。

也有可能不是我们啊。
确实有可能。

但是村民们期盼已久的日子……
就是今天。

你们是第一批寻找神殿的人。

我每天都在
维护船。
所以很安全，
不必担心。

那我就先上去了。
谢谢。
快上船吧。

大家小心点。

2. 守护者的村庄

这只船该怎么启动呢？
没有桨啊。
这两根柱子是什么啊？

这里还有三角形的木块。
这里有字！

写的什么？
我先读一下左边柱子上写的字。

“向右翻转，再顺时针旋转90°。”
这是什么意思？

好像是启动船的装置。
看来要移动这个三角形啊。

先将三角形向右翻转……
直角就移动到了右侧。

90°
接下来顺时针旋转90°后，
直角移动到了左侧，
红色的角移动到了上面。

90°
我是这么认为的。
向右翻转后直角向右移动，
旋转后红色的角会向下，
不是吗？

90°
我们亲手试试吧。
首先，将三角形
翻转。
直角会向右移动。
接下来顺时针
旋转90°。
啊！
红色的角向上了。

90°
刚才爱丽丝向右翻转后，
逆时针旋转了90°。
所以红色角的
方向才错了。

原来如此!
等一下!
三角形消失了!

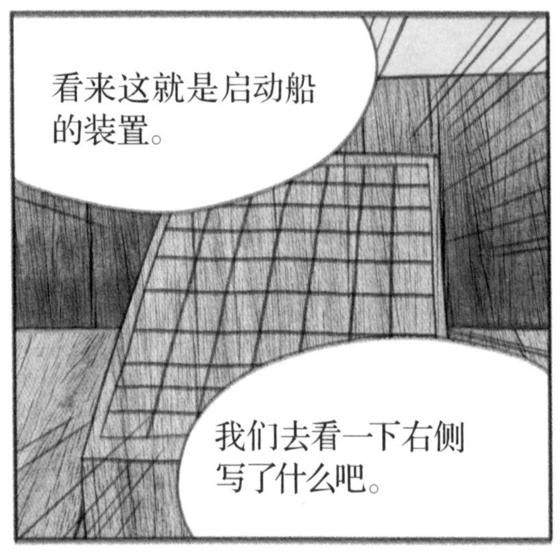
看来这就是启动船的装置。
我们去看一下右侧写了什么吧。

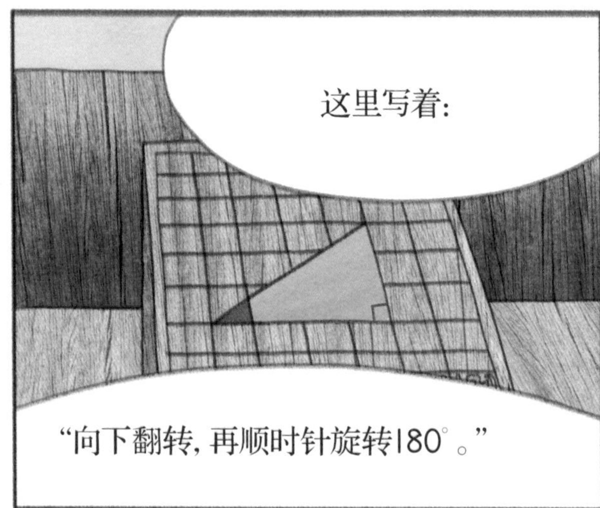
这里写着:
“向下翻转,再顺时针旋转180°。”

我先来思考一下!

好啊！
你试试看吧。
向下翻转的话底部就会向上。

再顺时针旋转180°……
有点儿难啊。

你可以把它看作顺时针旋转两次90°。
好的。

向下翻转后直角向上。
是的，
没错。
旋转一次后直角向右，
再旋转一次后直角到了
左边啊？
接下来亲手试试吧？
嗯，我都等不及了。

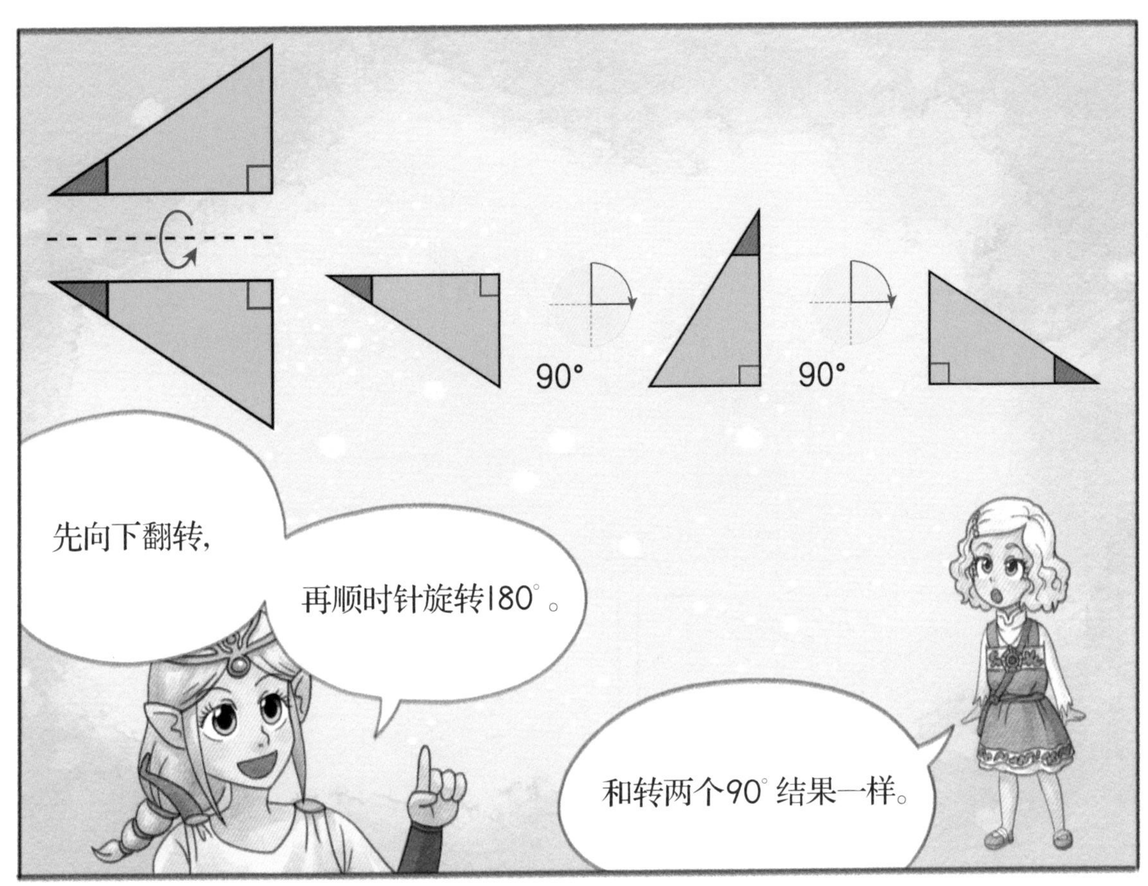
90°
90°
先向下翻转，
再顺时针旋转180°。
和转两个90°结果一样。

你刚才想得完全正确。
我把翻转和旋转想得太复杂了。
把步骤分解一下就简单多了。

啊！
船动了！

吉利姐姐说得没错啊。
好神奇，
自动船啊！

好奇怪。
村里的精灵们都
聚集在那里。
是啊，难道出
什么事了吗？

哦？
那个大叔是……

是西鲁克!
西鲁克?
西鲁克是谁?

他是佩西亚的手下!
什么?
他在跟踪我们吗?

那村民们怎么办?

这里不是守护者的
村庄嘛。
那是要守护神殿吗?
不,会守护我们。
万一村民们受伤
怎么办?
我们应该帮助他们。
是啊!
村民们很危险。

这样吧。
怎么做?

诺米带李安和爱丽丝去神殿。
好。
姐姐你呢?

我和菲利普,还有
帕维尔回村子。
好!我们去阻拦
西鲁克!

那我呢?
我也要去阻拦西鲁克!

快下去，船还要回去呢。
我帮你。
爱丽丝先下去。
别害怕。

大家小心。
别担心，快点儿找到碎片。

他们会没事吧？
别担心了，我们赶紧找碎片吧。

这里没有入口。
墙上贴着一个四边形的石板。

我们先四处转转看。
好的。

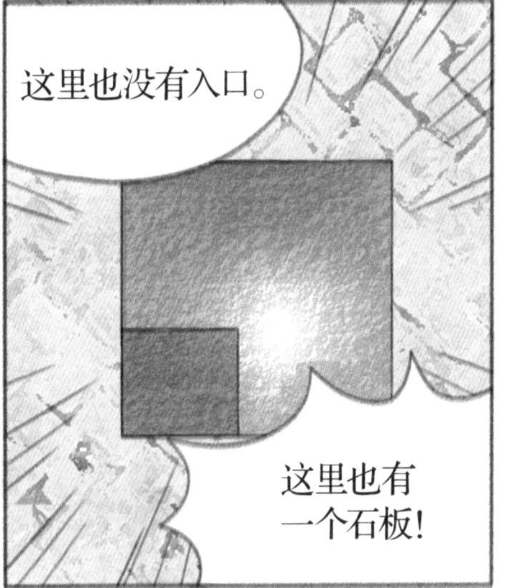
这里也没有入口。
这里也有一个石板！

入口到底在哪里啊？
我们都找遍了……

有点儿奇怪。
什么?

石板的样子不一样。
我也这么觉得。

去看看别的墙面上的石板吧。
好的。

你看,
这块石板和第一块石板不一样。
深色部分在左下角。

只有第一块石板不一样。
啊！
我知道了。

我们需要把第一块石板……
变成其他三块石板的样子。

我也这么认为。
那就快点儿行动吧。

怎么回事，
一点儿都挪不动啊？
那该怎么办呢？

要不把其他三块……
都改成这样的吧？

李安哥哥说得对。
可以试试。

你看，
这块石板可以拿下来。
赶紧试试吧。

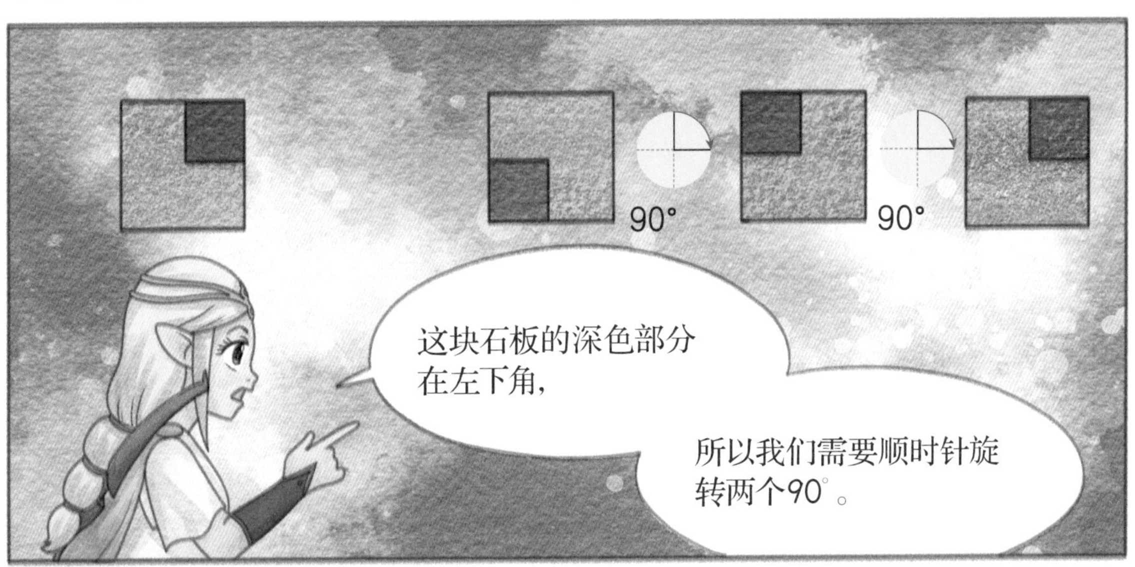
90°
90°
这块石板的深色部分
在左下角，
所以我们需要顺时针旋
转两个90°。

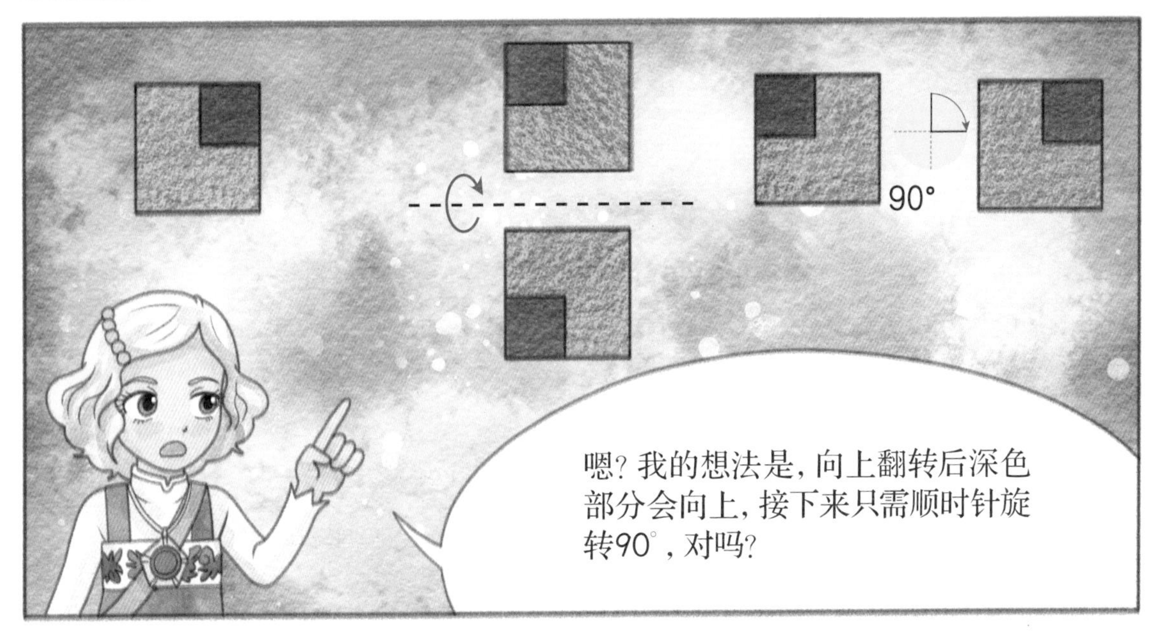
90°
嗯？我的想法是，向上翻转后深色
部分会向上，接下来只需顺时针旋
转90°，对吗？

爱丽丝好厉害啊!
刚才学的知识一点儿都没忘。

就只剩一块了。
太好了,我们快去吧!

这一块我也用刚才的方法处理。
等等!我还有一个新方法。

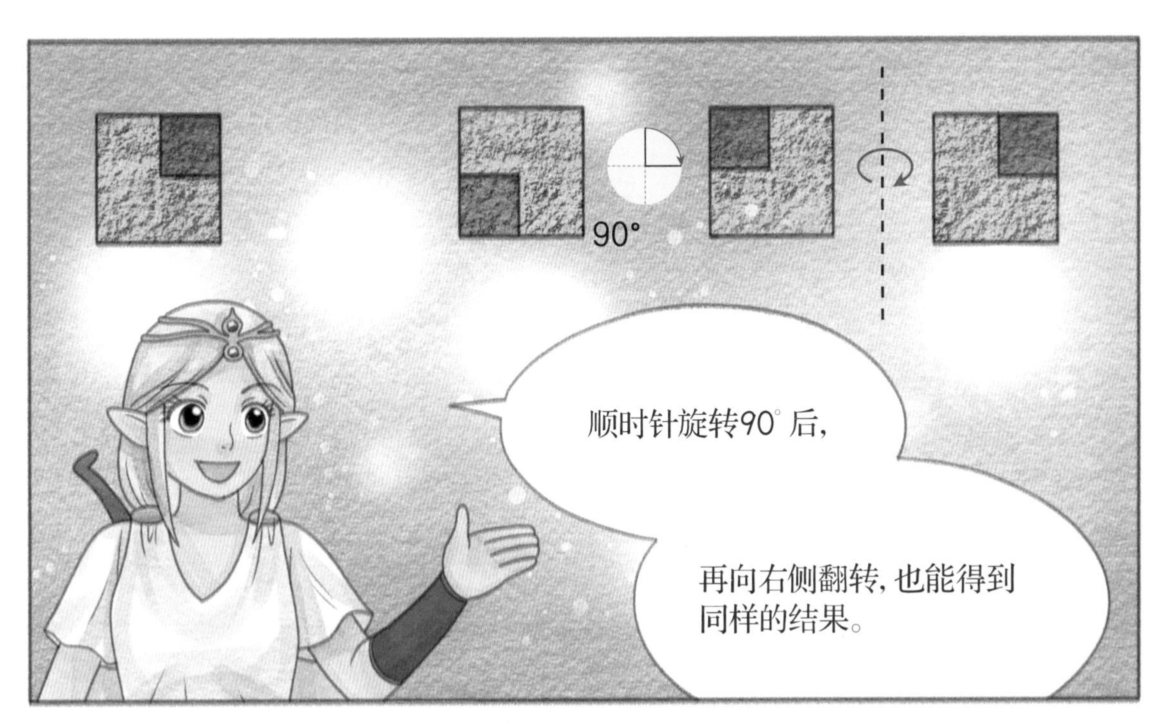
90°
顺时针旋转90°后，
再向右侧翻转，也能得到同样的结果。

哦，真的啊！
移动图形的方法并不是单一的。

轰隆隆隆隆
这是什么声音？
我们过去看看吧。

入口出现了！
果然石板就是开门的钥匙。

我们赶紧进去吧。
村民们会没事吗？

会没事的！
有菲利普和帕维尔，还有吉利姐姐也在啊。

3. 秘密神殿

这个洞口可以下去。
墙上还有梯子。

先下去看看吧。

都下来了吗？
有点儿黑啊。

天哪！
这是什么啊？！
啊啊！

哇！这个洞比我家还要大！
我好害怕……
好深啊……

那边有下去的楼梯。
先下去看看吧。

楼梯太窄了。
真的好可怕……
我们不能并排走了。

好像快到了。
是啊，已经能看到地板了。

你们看！中间有个东西。
哦，是啊。

看来那里就有碎片。
但是《光明之书》为什么还不发光呢？

我们走近看看吧。

这是什么!
轰轰轰轰
这是怎么回事啊?

我们刚才走过的
楼梯消失了!
咚咚
这下怎么办?

等一下……地板上
好像有东西。
这是柱子
上掉落的
碎片吗?

不，这些碎片形状
都一样。
那这些碎片是什么呢？

这个柱子好奇怪。

我知道了。
这是一个机关。
把这些碎片贴在柱子
上就好了吧？

那我们就赶紧贴上去吧。
不能随便贴的。

仔细观察柱子会发现规律。
得仔细想想有什么规律。

将另一个四边形向右翻转后，
与这个四边形拼在一起，就变成了这样。
接下来，将拼在一起的图形，
向下翻转后再拼接就可以了。

好办法!
不过还有其他方法。

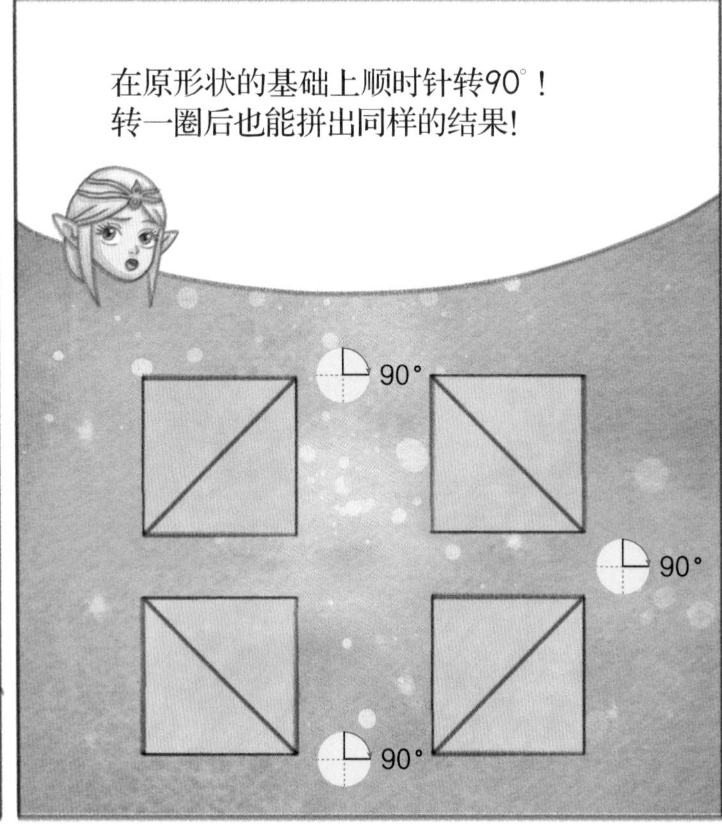
在原形状的基础上顺时针转90°!
转一圈后也能拼出同样的结果!
90°
90°
90°

怎么样,很神奇吧?
嗯!真的很神奇!

同一形状也可以有多种拼接方法啊。

那我们把方块贴在柱子上吧?
等一下,我发现了另一个规律!

顺时针或逆时针方向,旋转90°,
和顺时针或逆时针方向旋转180°,
都可以得到同样的结果!
该怎么用这个图案贴呢?

很简单。
将这个图案向右或向下平移就可以。
原来如此。
那我们向右或向下平移试一下吧。

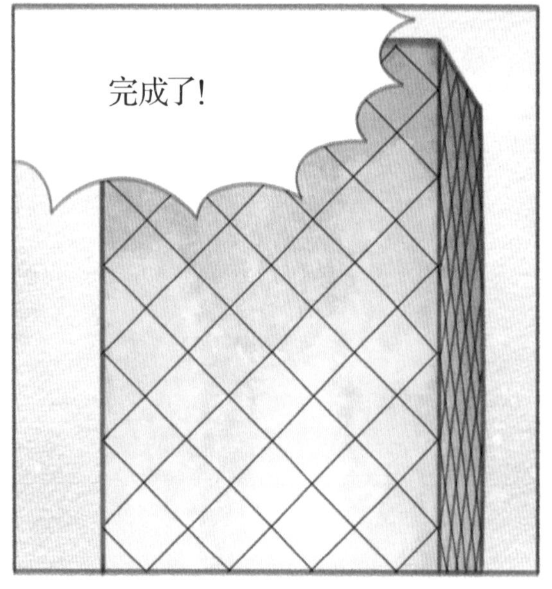
完成了!

和柱子的图案一模一样。

果然是一个机关。
轰 轰 轰 轰
柱子降下去了。

你们看，
书发光了！
哇！
好神奇！

快把书拿出来吧。
当然了！

搞定！
第二块碎片也找到了！
真是太好了！

但是我们要怎么
上去呢?
对啊，楼梯也消失了。

啊!
这是什么声音?
轰轰
轰轰
这是墙发出的声音吗?

出口会不会在别的地方呢?
我们找找吧。

你们不能进村子。

为什么?
我们是神殿守护者的子孙。

我对神殿没兴趣。
我只是在找那帮家伙。

根据预言的指示……
要向第一位来找神殿的人……
提供船。

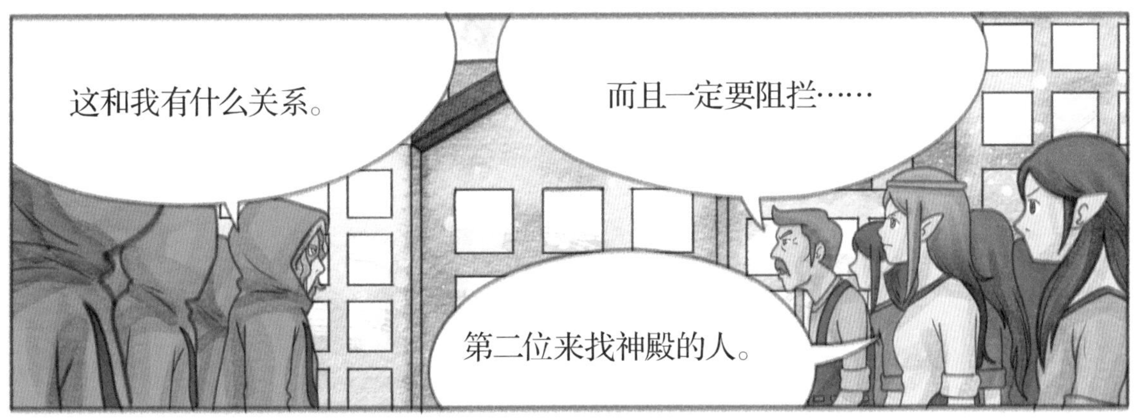
这和我有什么关系。
而且一定要阻拦……
第二位来找神殿的人。

所以你这是要阻拦我吗?

是的。

原来你们也在这儿啊。

预言说错了!

4. 逃脱

一直有个奇怪的声音。
轰
轰
轰
轰
看不到出口。

你们不觉得墙很奇怪吗?
我感觉墙离我们越来越近了。

啊,这里越来越窄了!
天哪!

我们得赶紧找到出口!
嗯……
怎么办……
找不到出口啊!

这样下去我们会被困在这里的!

从不动的
墙着手!
爱丽丝你去那边!

对着墙施魔法。
知道了!

墙还在靠近。
得快点儿了!

拜托——

坍塌吧!
砰
砰

天哪!
竟然完好无损……

我用悠悠球试试。
嗯！
出口快出现！
哎哟……悠悠球也没有用。
完好
我用魔法试试。

飞埃尔塔！！

轰

怎么样?
哐当

还是……

墙破了一个洞!
有出口了!

天哪!
墙已经离我们这么近了。
赶紧叫姐姐过来吧。
诺米,
快过来!
找到出口了!

找到出口了吗?
可是墙太近了!

快点儿！快点儿！
诺米姐姐——
拜托——
啊……
怎么办……
诺米，
跳过来！
姐姐快点儿！
不管了！

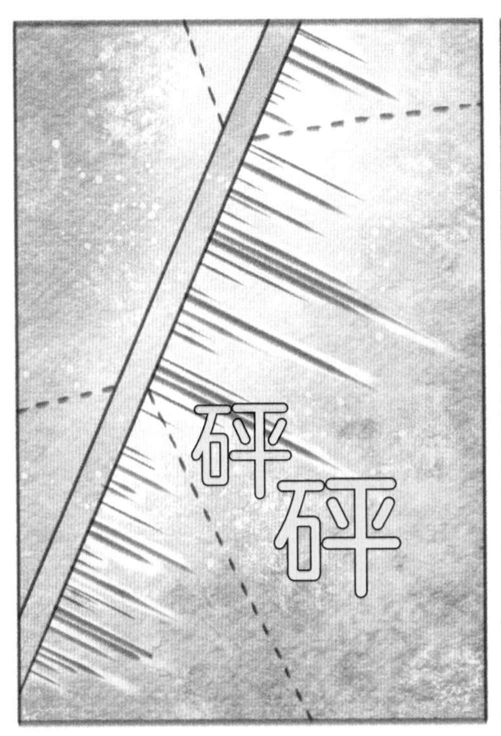
砰
砰

哐

呼——
啊啊啊——
得救了!

爱丽丝……
诺米姐姐!

吓死我了，我以为姐姐出不来了。
我这不是出来了嘛，别哭了。

真是万幸。
可这里也是封闭的啊！

我们还要找出口吗？
别无他法啊。

哦?
这里有箱子。
这边也有……

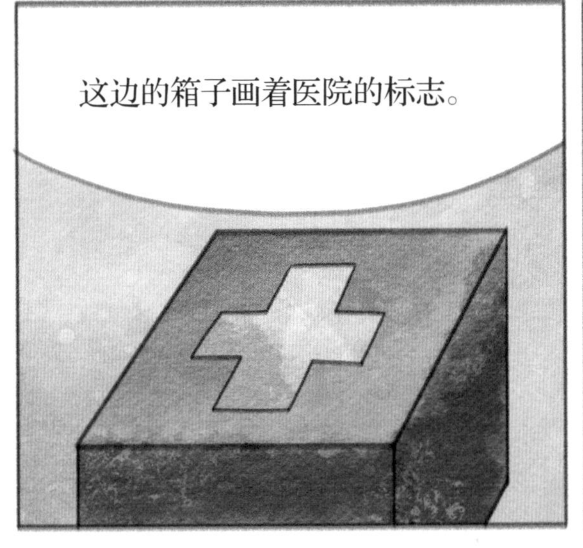
这边的箱子画着医院的标志。

这个箱子是钻石的图案。

我们先打开
看看吧。
好的。

这都是什么啊?

装满了一样的图形。
而且颜色都一样。

这个箱子里虽然形状都一样……
但是有四种颜色。

这些好像也是找寻秘密通道的钥匙。
是吗?

啊!盖子上的图案!

啊！我知道了！
90°
90°
90°
90°
将这些图形顺时针旋转四次90°后可以拼出这样的图案！
这就是医院的标志！

我将这些图形分别向右、向下翻转，
可以拼出这样的图案。

接下来我们……
把这些图形依次贴在墙面上吧。

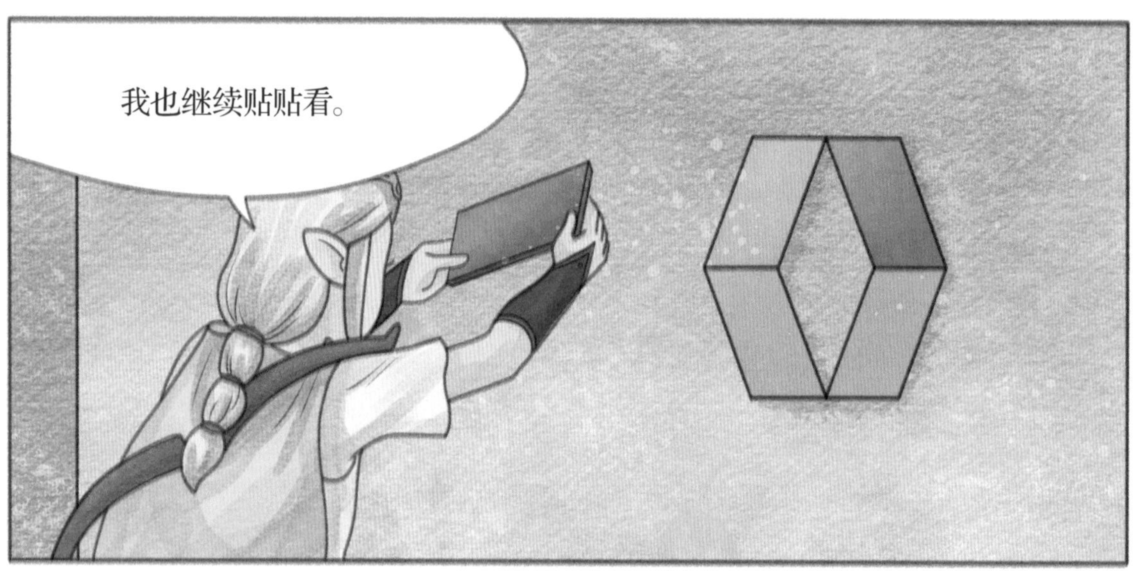
我也继续贴贴看。

怎么样了?
什么反应都没有。
是啊,已经全贴完了……

难道我们贴得不对吗？
我们和盖子上的图案
贴得一样啊。

我不是那个意思，
样子虽然一样，
但是颜色太杂乱了。

真的吗？
那我们重新贴吧。

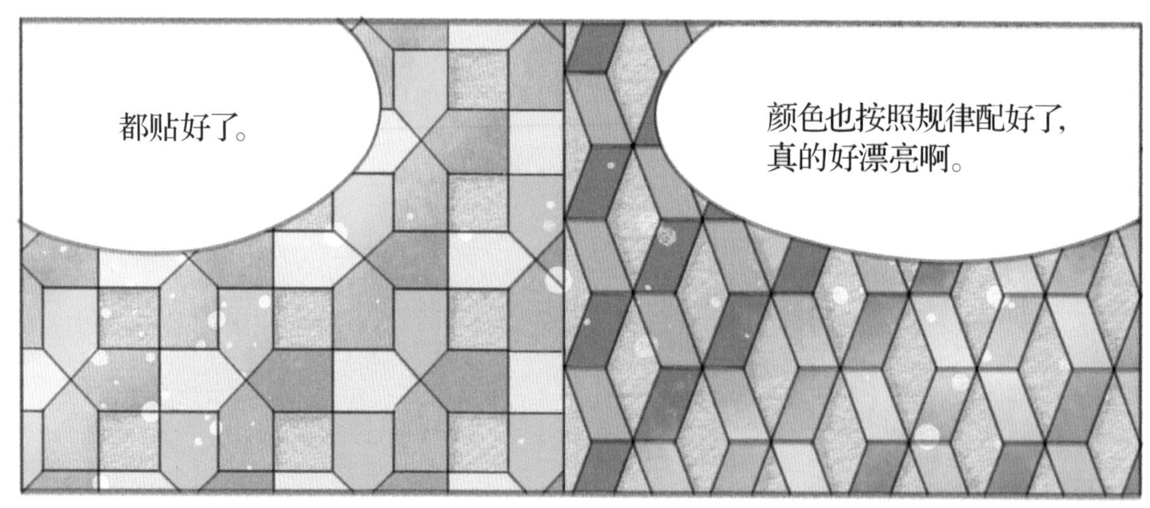
都贴好了。
颜色也按照规律配好了，真的好漂亮啊。

我也都贴好了。
好像波光粼粼的湖面啊。
嗯……而且很像蜂巢。

轰隆隆隆隆

啊！
墙体在分离。
出现了一条通道！

果然是个机关。
这里是什么地方?
第一次看见这种墙面!
好漂亮啊。

呼哧
呼哧
这个村子的人怎么回事?!
竟然把我的魔法一一拦下了。
呼——呼——
不行了！看来得一次性
解决了！
他的魔法居然这么强大!
……

竟然这么强。
比我们想象得还要强。

这样下去就该我们出场了吧?
再加把劲吧!

看来他要进行最后的攻击了。
我们该怎么应对?

方法只有一个……

汇集所有力量。
你要使出守护者的防护罩吗？那样的话我们的魔法会消失的。
我也是不得已，我们必须要拦住他。
我明白了！
这次你们绝对挡不住了！

你们一起上吧!
咻
唰
唰
唰
好强的魔法!
呃啊……
该怎么挡住……
就是现在!
大家一起出力!

砰砰砰砰砰砰

哇!
好大的防护网啊!
我第一次见到这种魔法。

咔咔
咻咻咻咔
什么?！
居然挡住了我的必杀技……

竟然挡住了那么强大的魔法……
他们真了不起啊。

没剩多少力气了……

竟然在这种地方
被拦截了下来!

不能这样下去了!
撤退吧!

哦?他们好像撤退了。
看来没有力气了。

呼……
好累啊。
我们做到了。
但是好像要失去魔法了。

我们只是做了分内之事。
我知道。

只要守护住我们的
家园就好……
真的会如预言所
说的那样吗?

5. 重返家园

我发现了一个神奇之处。
你在说什么啊?

你们看这面墙，整面都是同一种图形。
对面的墙也是。

都是同样的六边形……
墙面没有一点儿缝隙，全部布满了。

你知道为什么蜂巢
是六边形的吗?
不知道。

很久以前，蜂蜜被奉为神的食物。

传说是蜜蜂把神的食物……
带到了人间。

蜂蜜在以前是一种十分
珍贵的食物。
好神奇啊。

因为蜂巢排得十分紧密，
所以不能放进去一粒灰尘。
而且蜜蜂筑造的蜂巢
是六边形的。

只有这种六边形才能
无缝隙地覆盖整个
平面吗？

当然不是啦。
四边形同样也可以做到。

哦，
真的啊。
这种四边形也可以。

这种四边形也可以。

六边形可以，
四边形也可以，
那五边形一定也可以！
真的是这样吗？

哦？
为什么不可以呢？
看来五边形不可以密铺。

不是的，你们看看这个。
这样的五边形就可以密铺。

原来几边形……
并不重要啊。

是啊。形状才是决定
可不可以密铺的关键。

我们也试试三角形吧？
嗯。
我也想试试。

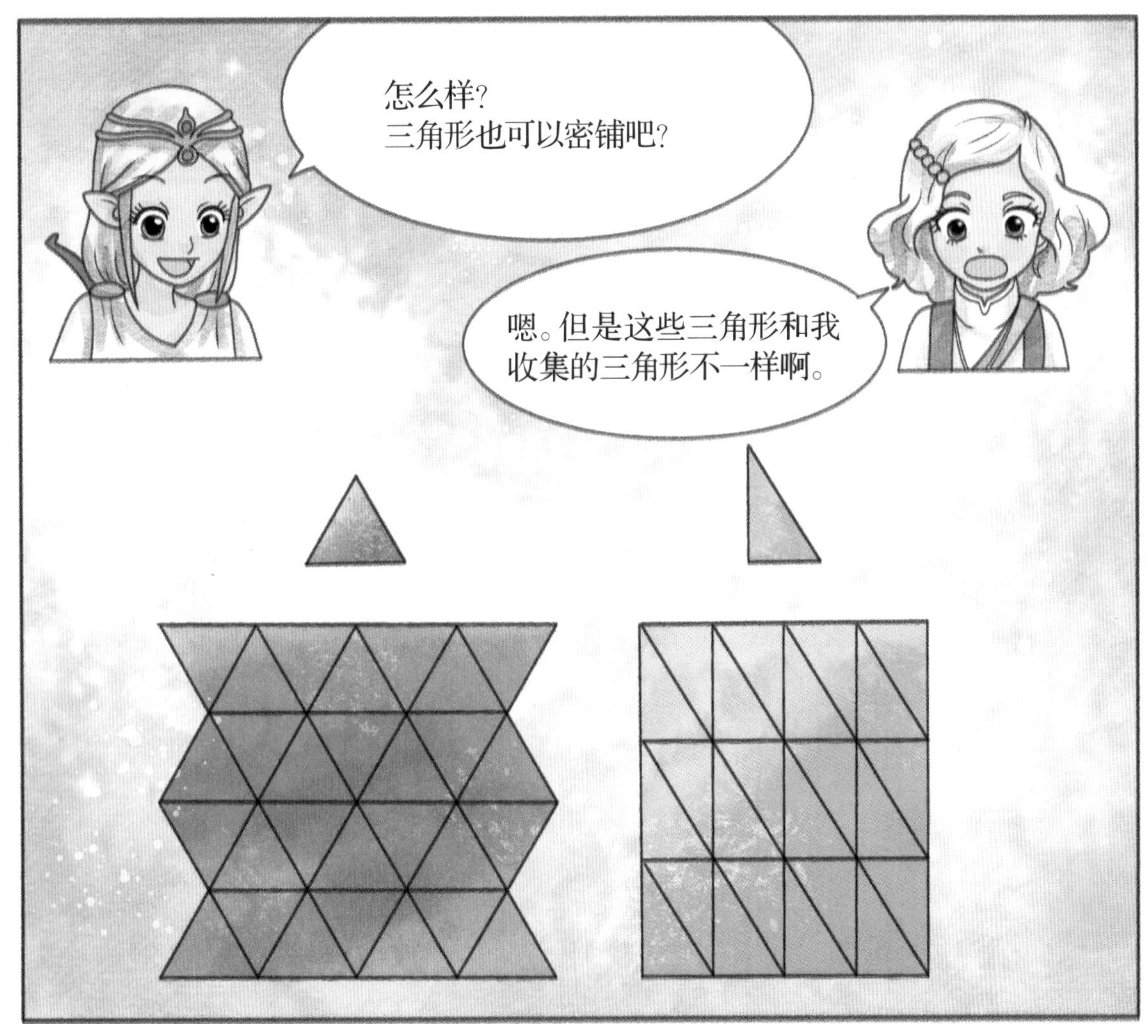
怎么样？
三角形也可以密铺吧？
嗯。但是这些三角形和我
收集的三角形不一样啊。

啊！
这又是什么声音！
哐当！
哐当！

看来是我们在排列图形时
触动了机关。

姐姐！
地面开始渗水了！
什么？
这下怎么办？
这样下去水会充满房间的！

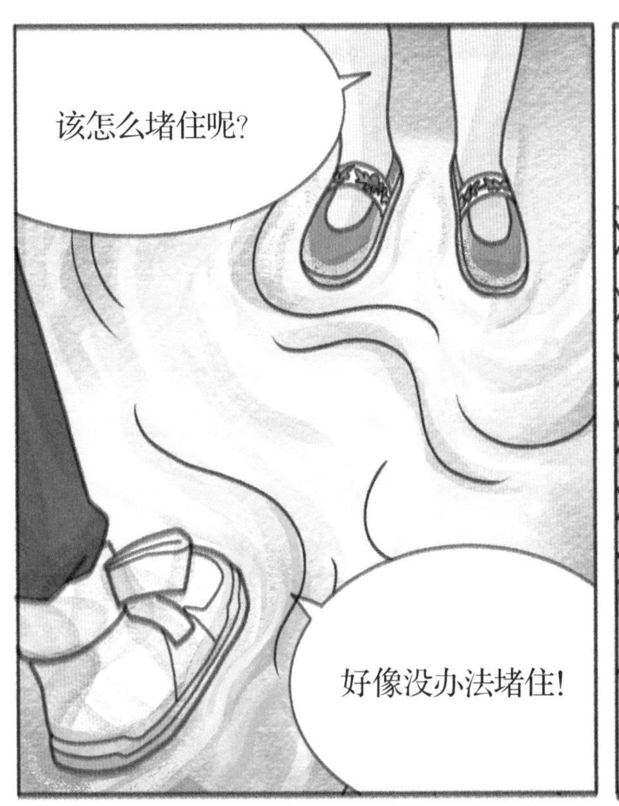
该怎么堵住呢？
好像没办法堵住！

你们会游泳吗？
当然会了。
我不会！

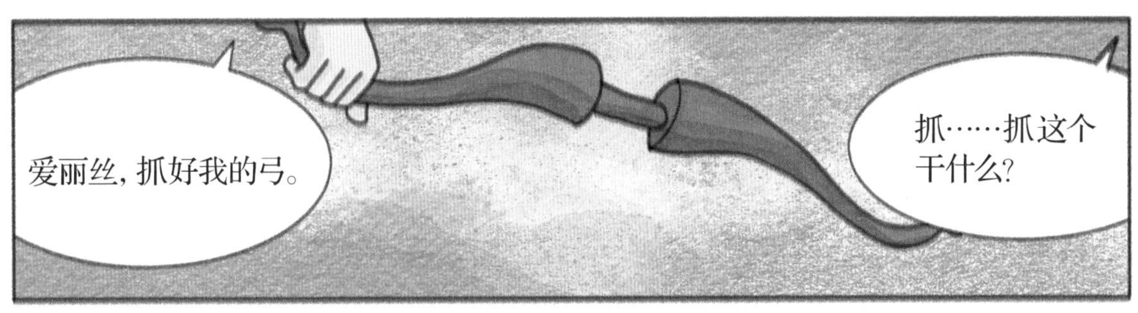
爱丽丝，抓好我的弓。
抓……抓这个干什么？

看来这不是陷阱，而是助我们逃脱的装置。
嗯？什么意思？

你们看，天花板上
有个洞。
咦？
真的哎。

那一定是出口。
希望如此。

对我们来说这
也许是好事。
水位上升得好快。

再高一点儿……
再高一点儿……
快到了。

这里有梯子。
果然是出口。
爱丽丝你先上去。

水不再上涨了。
你也赶紧上去吧。

别担心，
现在安全了。

你们在这儿傻站着干什么?

太美了!
真是个神奇的地方!
嗯……

这些装饰在埃皮纳
城里很常见。
那面墙有点儿奇怪。

这些又是什么啊?
这是五格骨牌!

五格骨牌是什么?
这是精灵们经常使用的工具,
可以用来学习和做游戏。

这里少了几块。
啊!我知道了。

看来要把这几块填进空白处。

不是吧……
空白处和五格骨牌的形状完全不一样。

我们并不是要原封不动地填进去。
而是要改变这些五格骨牌的方向。

我根本听不懂。
前面学的知识全忘了吗?

啊!可以利用平移……
也可以利用翻转和旋转。
没错!
就是这样。

我来试试。
好啊。

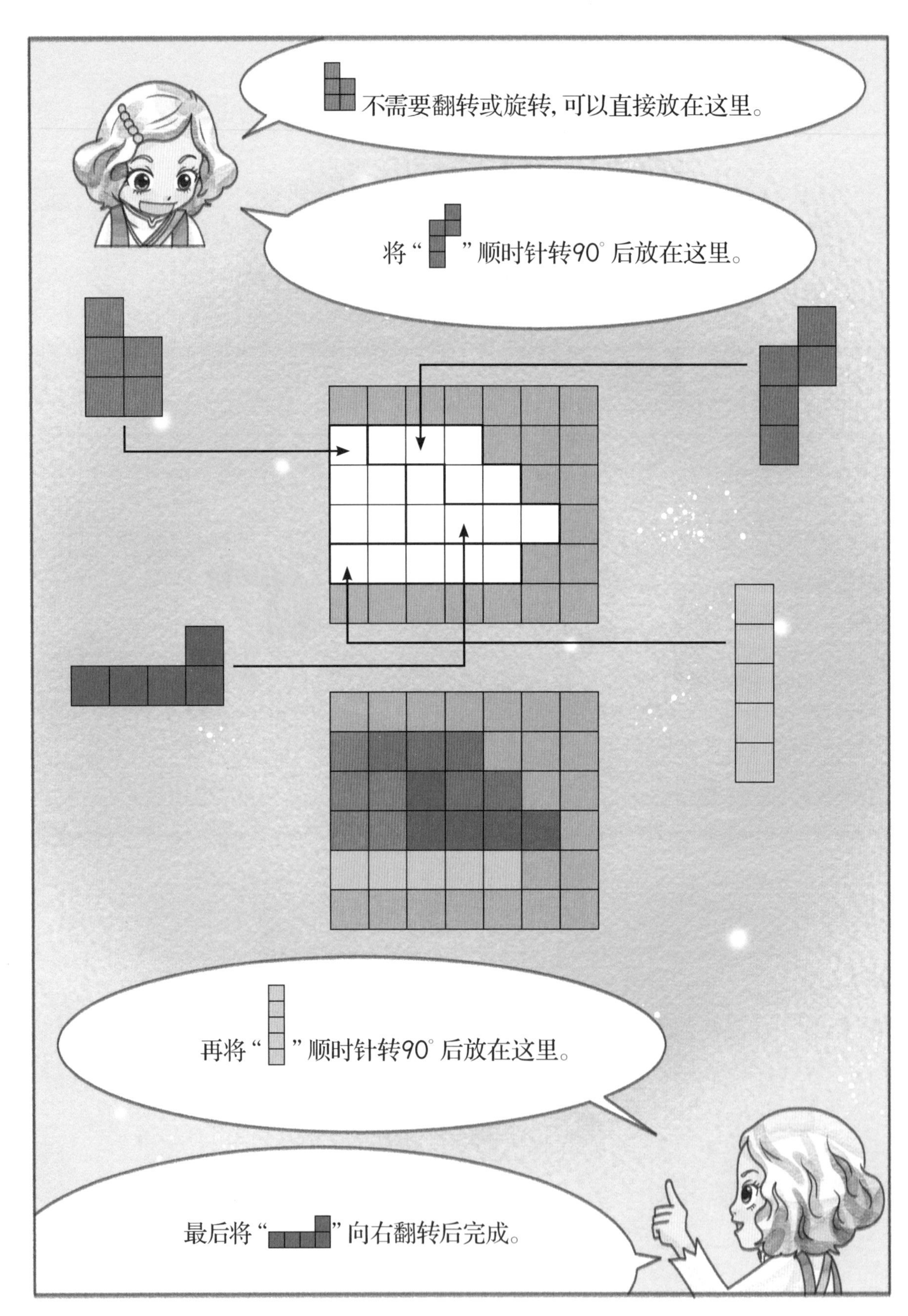
不需要翻转或旋转，可以直接放在这里。
将“ ”顺时针转90°后放在这里。
再将“ ”顺时针转90°后放在这里。
最后将“ ”向右翻转后完成。

爱丽丝！
你太棒了！
空白处的图形也拼好了。

出口出现了。
轰隆隆隆隆
果然这里也有一道秘门。

什么？
还有一个房间？
不，这是我们下船的地方。

看，那里有梯子。
啊！
原来如此。

这是怎么回事啊?
哦?
湖水水位在下降!

我明白了。
什么?

你们回想一下刚才那个精灵的话。
她说了什么?

她提到了预言：湖水退去……
就可以重返家园。

对，
我想起来了！
找到碎片后，湖水就会退去吗？

原来湖水在守护碎片啊。
是啊，可以回去了。
村民们可以回到以前的家园了。

村子下面有洞穴吗?
嗯,还有一架桥。

原来这是和神殿相连的桥。爱丽丝可以下来吗?
嗯,没问题。
赶紧下去吧。

湖水正在减少。
今天就是我们期盼已久的那一天啊。

你还剩下最后一个任务吧?
是的，我知道。

你们跟我来。
嗯?
嗯?

我们要去哪里啊?
跟我来就知道了。

这里有个洞穴啊。
来这里做什么?

连接神殿的桥通向这个洞穴。

啊!
原来你要带我们去见朋友们啊!
也不完全是。

这里有列车啊!

这些小车是做什么的?
好像是输送煤时用的。

他们来了。

看来你们拦住了
西鲁克啊。
大家没事就好。

找到碎片了吗?
当然了!

对了!李安……
书没有湿吗?
啊!刚才泡水了。
怎么回事啊?

我看看。

呼——还是完好的。
一点儿都没湿。

你们真的找到碎片了。
有没有遇到危险？

别提了，非常辛苦！
我都快吓死了。

真是辛苦了。
回去再慢慢说吧。

大家上车吧。
什么?
我们要坐上去吗?

这是为什么呢?
感觉不太放心呢。

这辆列车可以一直通向毛兹纳。

真的吗?
哇!

那我们赶紧上车吧。
还有这种交通工具，真是神奇。

这辆车要怎么驾驶呢?
什么设备都没有。

你们只需要坐好。
车会自动到达目的地的。

车上有零食，你们在
路上吃吧。

这是我的最后
一项任务。

哇！车动起来了！
我有点儿紧张。
好神奇！

好开心啊！
我好害怕！
棒极了！
哟吼！
太好玩了！

1+1 =2
□+8=10
□=2
5+6=11

1+4=5
□+5=10
□=5

练习

图形的平移

漫画中的数学故事

爱丽丝和伙伴们终于到了湖边，但是他们需要拼出告示牌才能坐船去神殿。

即使将图形向多个方向平移，图形的形状和大小不变，只有位置发生了变化。

知识点

将下面的图形向左、向右、向上、向下平移后，形状和大小不变，只有位置发生变化。

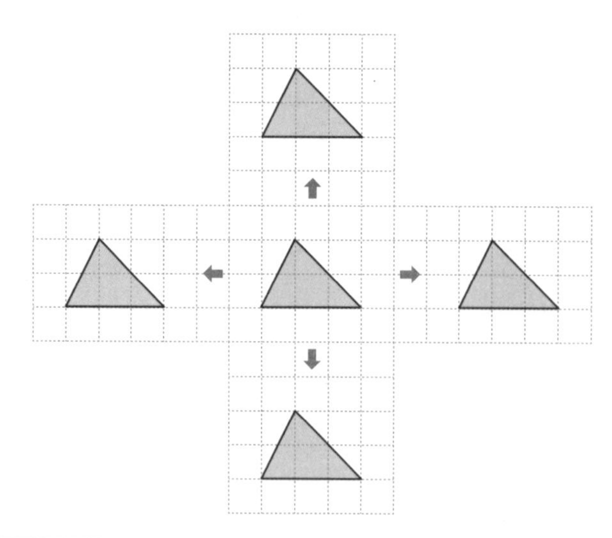

练习 01 将下面图形先向右平移一格再向上平移一格后，会变成什么样子呢?

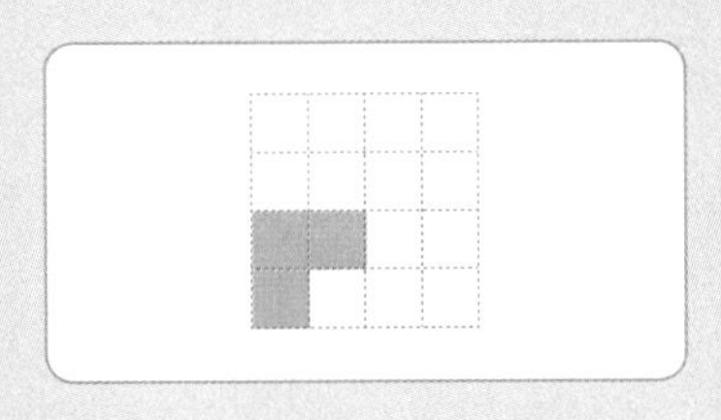

① 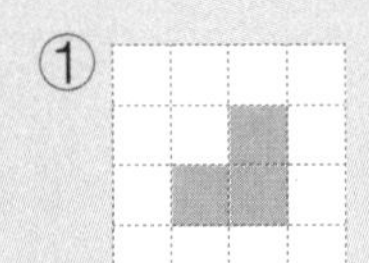 ② 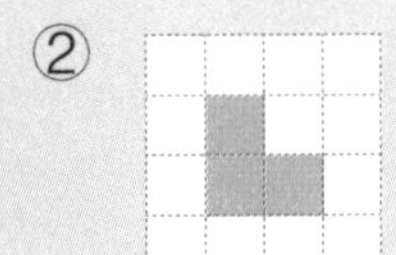 ③ 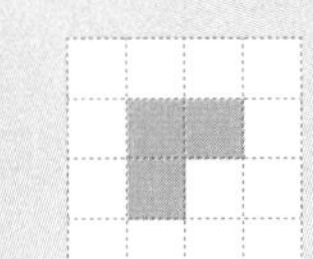 ④ 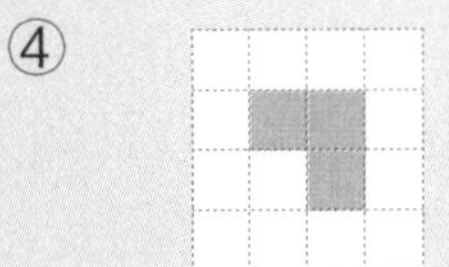

练习01-1 用“○”圈出“（ ）”内正确的内容。

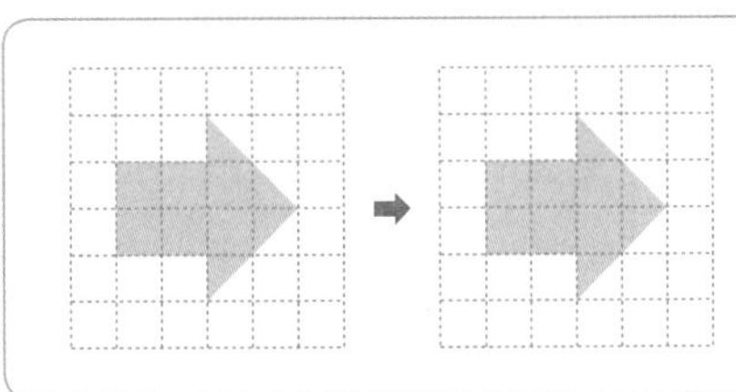

图形平移后，只有（位置、大小）发生变化，图形的形状及（位置、大小）不变。

练习01-2 以下有关图形平移的说法中哪两项是错误的呢?

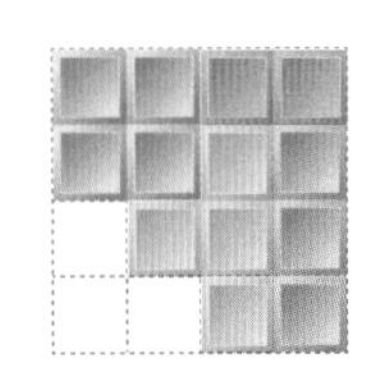

A.若想完成右侧拼图，需要将左侧图形向右移动。

B.选项A这种运动叫作图形的平移。

C.图形平移后形状和大小不变。

D.图形平移后位置不变。

E.图形向不同的方向移动三次后形状会发生变化。

① A、B ② B、C ③ C、D ④ D、E

图形的翻转

漫画中的数学故事

爱丽丝学习了图形向某个方向翻转会发生怎样的变化。

知识点

下面图形向左、向右、向上、向下翻转后形状和大小不变，方向相反。

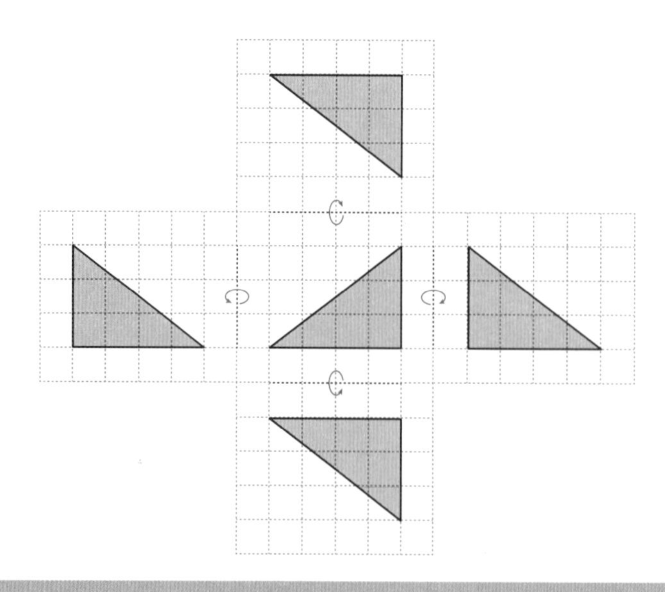

练习 02 观察下面的图形，将图形的翻转结果和对应指令连起来。

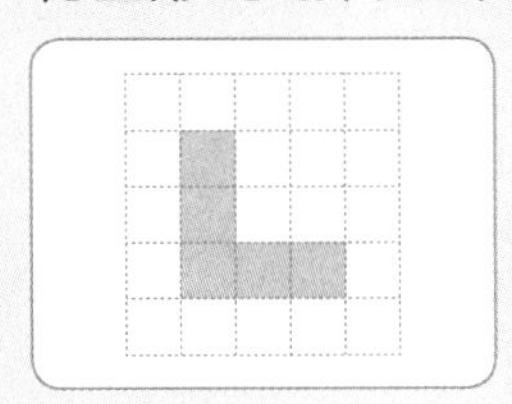

(1) 向左翻转 • •

(2) 向下翻转 • •

练习02-1 左侧图形经过移动后得到了右侧的图形。下列有关移动步骤说明错误的是?

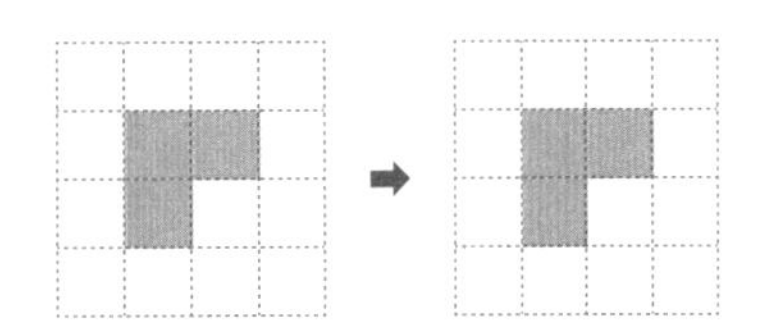

①向右平移。

②向左翻转两次。

③向右翻转后再向上翻转，再向左翻转，最后向下翻转。

④向右翻转三次，再向下翻转。

练习02-2 下面哪一个图形向任意方向翻转后得到的结果与初始图形不同?

①  ② 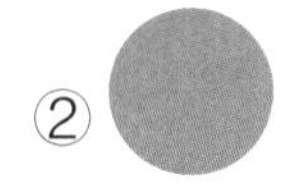 ③ 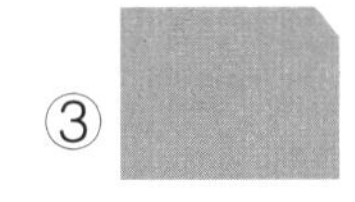 ④ 

图形的变换

图形的旋转

漫画中的数学故事

为了开启神殿的大门，爱丽丝和伙伴们开始着手寻找钥匙。
诺米为大家讲解了图形的旋转。

图形旋转后形状和大小不变，
只有方向发生变化。

知识点

90° 顺时针旋转90°

180° 顺时针旋转180°

270° 顺时针旋转270°

360° 顺时针旋转360°

360°
270°
90°
180°

练习 03 下面图形顺时针旋转90°后会得到怎样的结果呢?

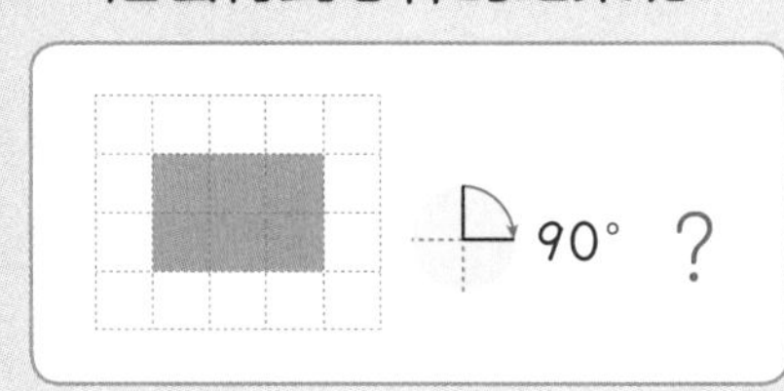

① 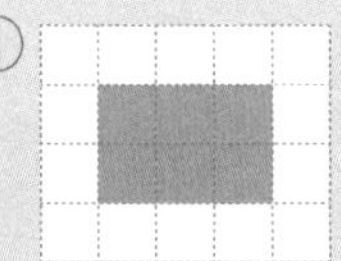 ② 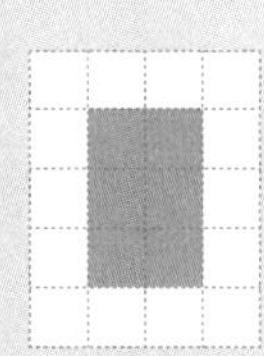 ③ 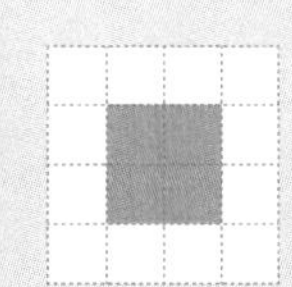 ④ 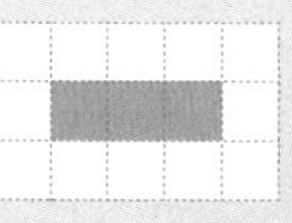

练习03-1 分别画出下面图形顺时针旋转270°和顺时针旋转90°后得到的图形。

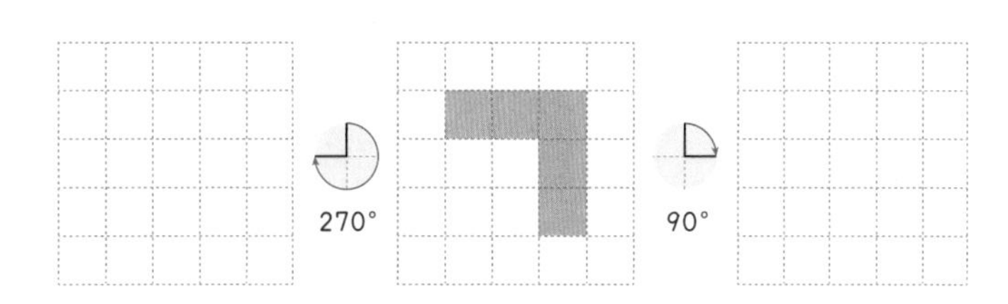

练习03-2 左侧图形是某图形顺时针旋转270°后得到的，你能画出旋转前的图形吗?

图形的翻转和旋转

漫画中的数学故事

要想移动魔法船需要将图形先翻转后旋转。
爱丽丝一步一步地解开了迷题。

按照先旋转后翻转的顺序
一步一步地思考会更加容易。

知识点

旋转和翻转的顺序不同，得到的最终结果也不同。

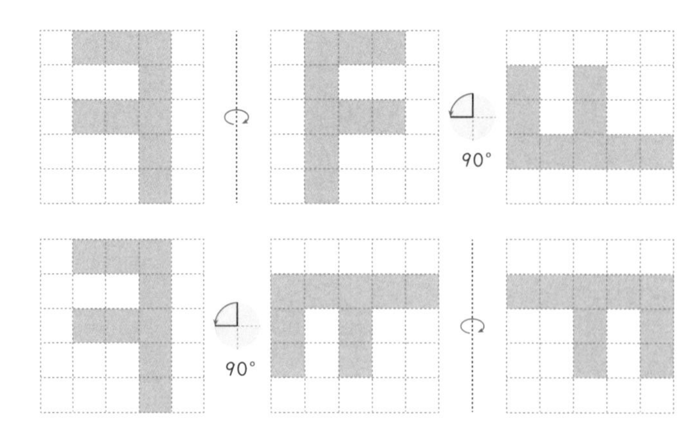

练习 04 左侧图形按照以下步骤旋转后得到的最终结果是?

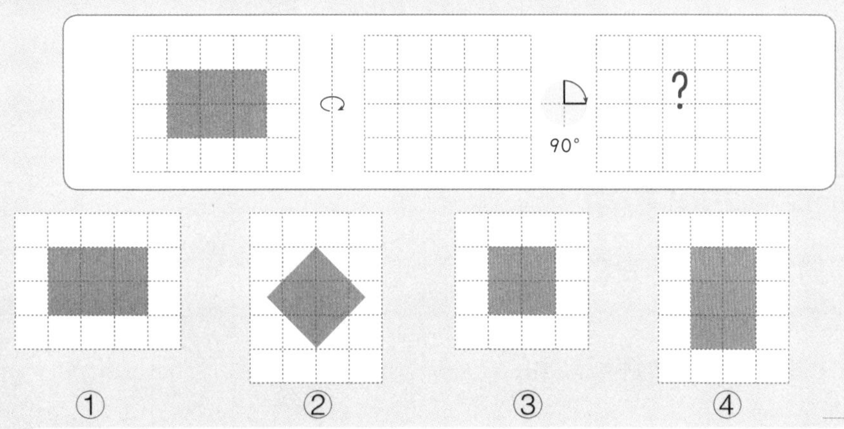

练习04-1 按照要求画一画。

练习04-2 右侧图形是某图形旋转后得到的最终结果。在方格上分别画出运动前的样子吧。

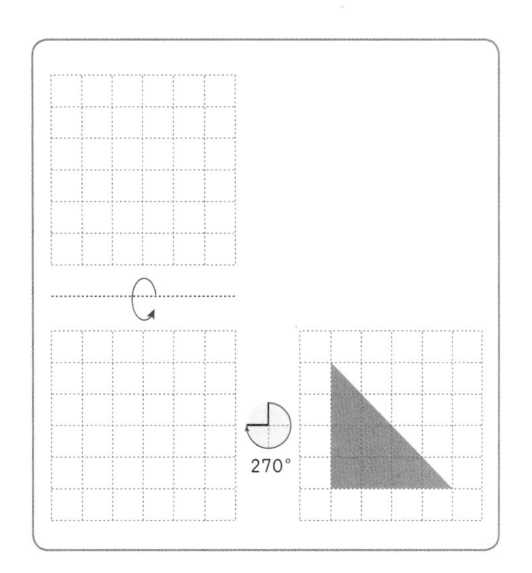

5 图形的变换

描述特定图形的变换

漫画中的数学故事

到达神殿的爱丽丝、李安和诺米正在寻找入口。
解开墙上的四边形石板迷题才可以进入神殿。

将某一图形变换为特定图形的方法有很多种。

知识点

将 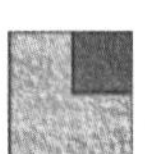 变换为 的多种方法

  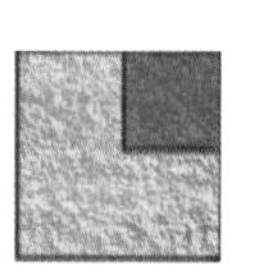

先向上翻转，再顺时针旋转90°。

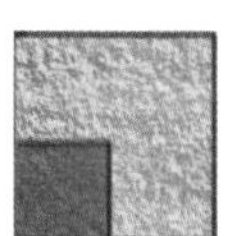 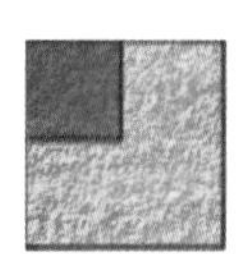 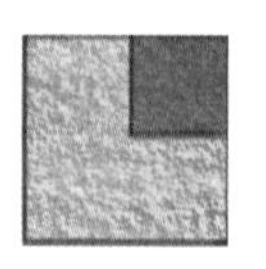

先顺时针旋转90°，再向右翻转。

 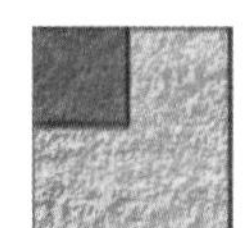 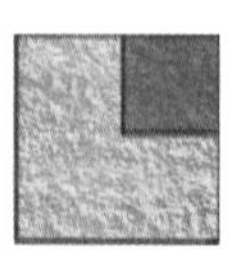

顺时针旋转180°。

练习 05 关于图形变换的说明，“（ ）”内应填的正确选项是？

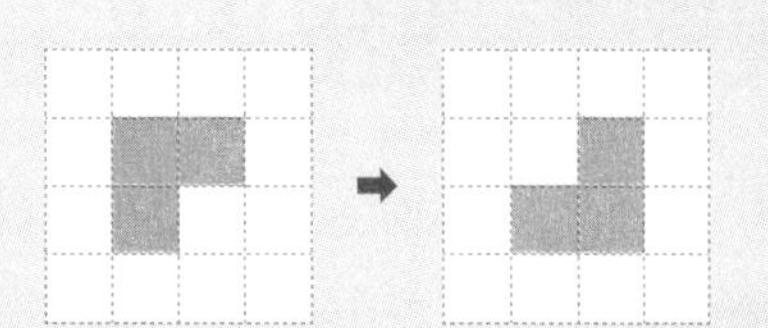

先将图形向（ ）翻转，再向（ ）翻转。

①上、左　　②下、右

③左、下　　④下、上

练习05-1 对下列图形变换步骤的说明，你能想到其他方式吗？

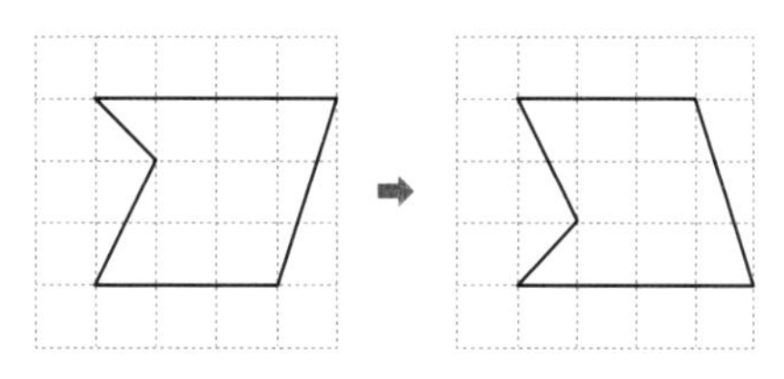

例子

先顺时针转动180°，再向左翻转。

练习05-2 利用图形的翻转和旋转知识说明一下图形的变换过程吧。

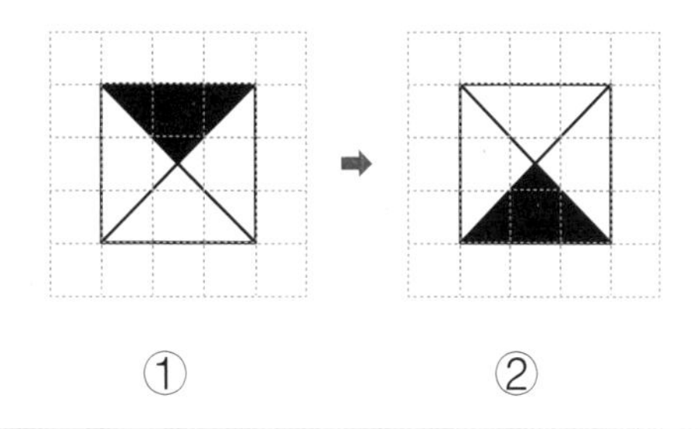

观察图案找出图形的规律

漫画中的数学故事

爱丽丝、李安和诺米为了拿到第二块碎片来到了神殿的地下室，但是他们需要将掉落的碎片贴回柱子上，要找到规律才行啊。

知识点

利用 拼成 的多种方法。

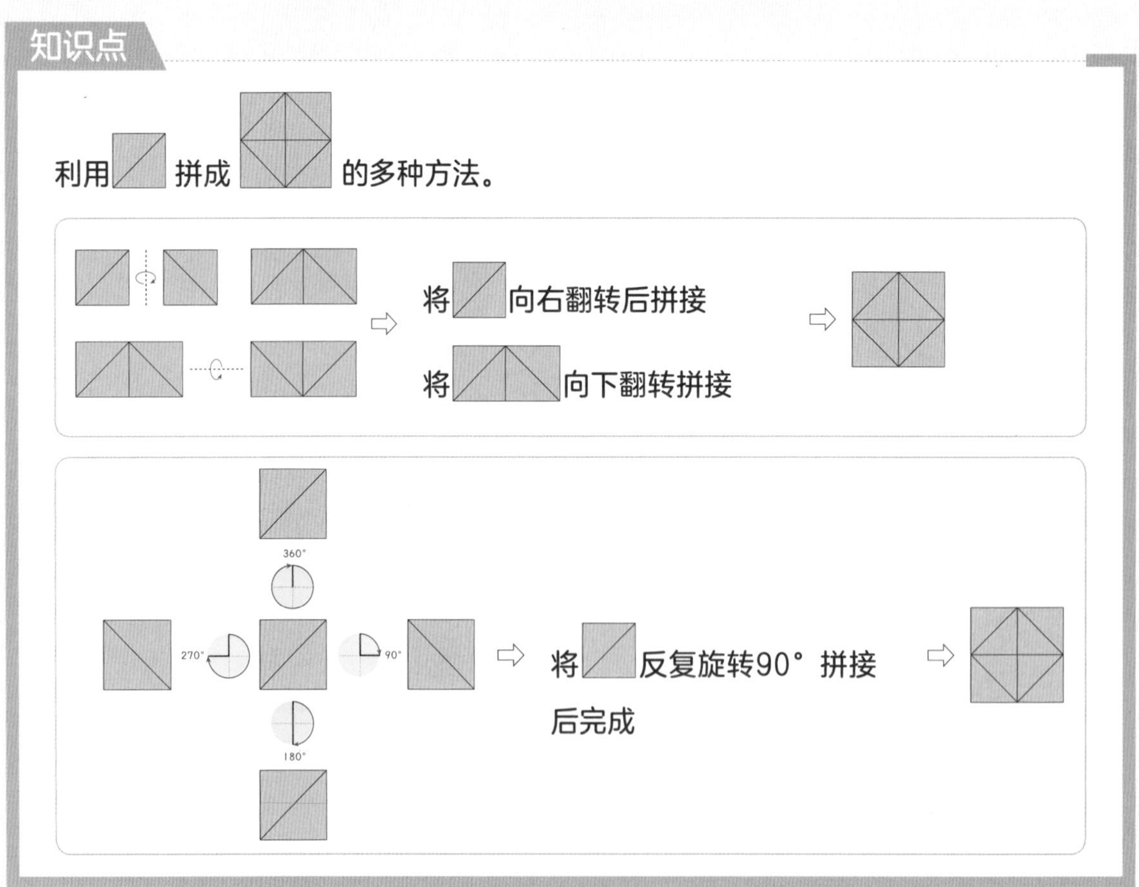

练习 06 下面图案是利用 拼成的。下列关于图案规律的说明中错误的是?

①图案是通过将 平移得到的。

②图案是通过将 向左翻转得到的。

③图案是通过将 向右翻转得到的。

④图案是通过将 顺时针旋转180° 得到的。

练习06-1 **利用基本图形完成图案，请选择正确的规律。**

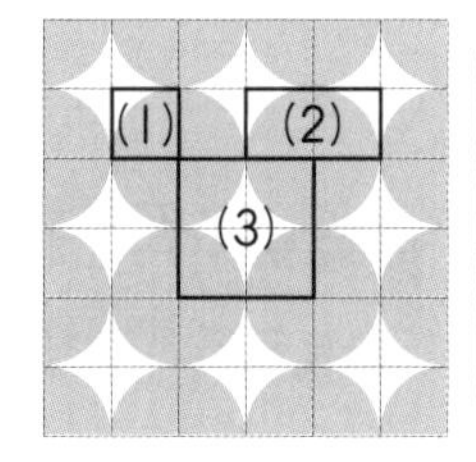

<规律>

A 向左右平移，向上下平移拼接

B 向左右平移，向上下翻转拼接

C 向左右翻转，向上下翻转拼接

(1) ______ (2)  ______ (3) 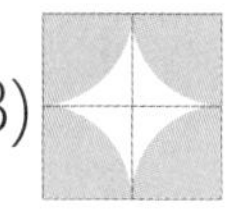 ______

练习06-2 **经过变换得到了下面图案。你能对图形变换步骤进行说明吗?**

图形的变换

有规律的图案

漫画中的数学故事

爱丽丝、李安和诺米拿到了第二块碎片后准备离开神殿，
但他们需要解开秘密机关才能找到出口。

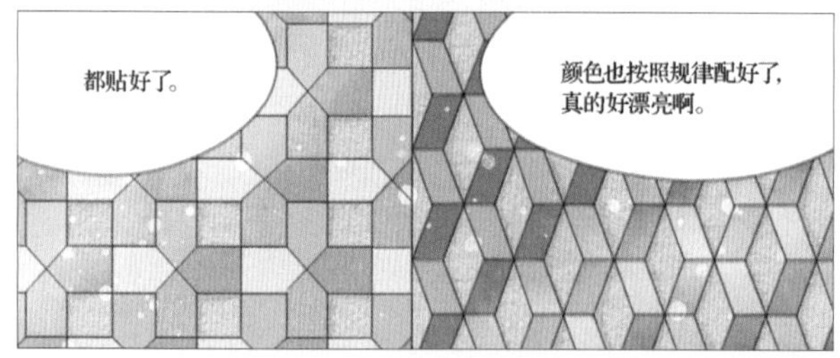

反复拼接图形或颜色，
完成有规律的图案。

知识点

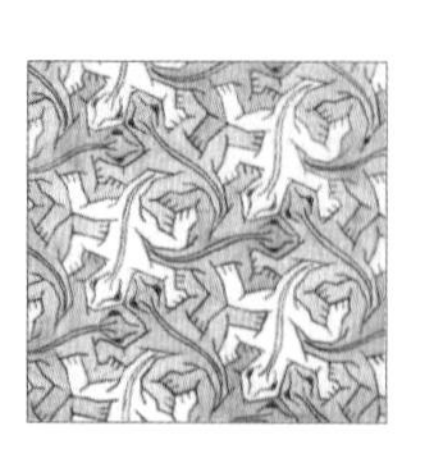

荷兰有一位叫“埃舍尔（Escher）”的画家，他在美术作品中大量运用了图形的平移、翻转及旋转。

练习 07 利用左侧图形创建一个有规律的图案吧。

练习07-1 下面图案是利用 ▷ 完成的。你能画出①和②空白处的图案吗？

①

②

练习07-2 利用下面图形画出有规律的图案，并涂上颜色。

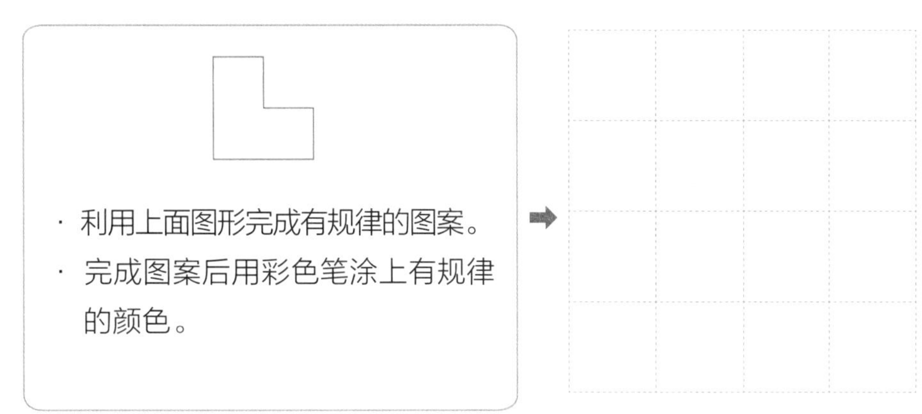

平面镶嵌

漫画中的数学故事

爱丽丝、李安和诺米发现了离开神殿的出口，
但是出口被图形覆盖住了。

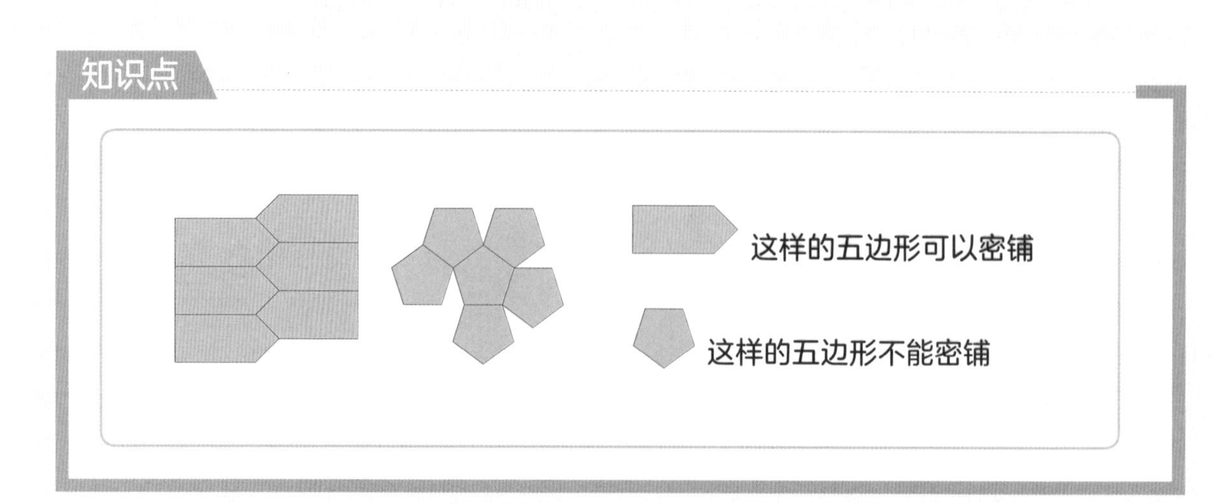

练习 08

若用小三角形覆盖面积是它四倍的大三角形，需要几个小三角形才能密铺呢？

练习08-1 下面哪一个图形不能密铺呢？

① 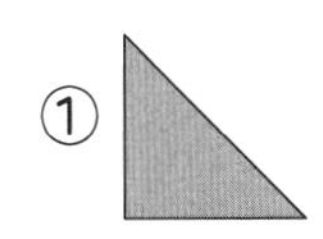 ② 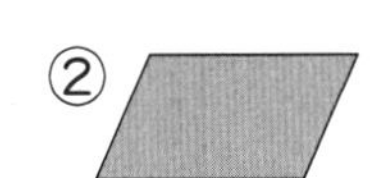 ③ 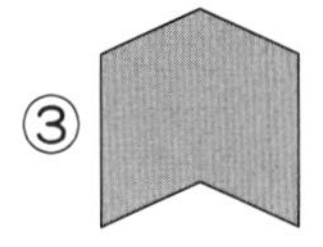 ④ 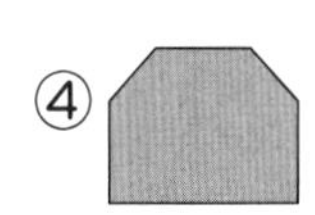 ⑤ 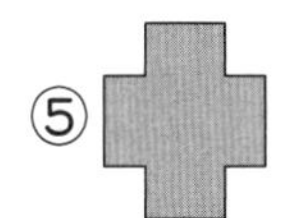

练习08-2 利用12个左侧图形可以密铺右侧的正六边形。你能画出密铺后的样子吗？

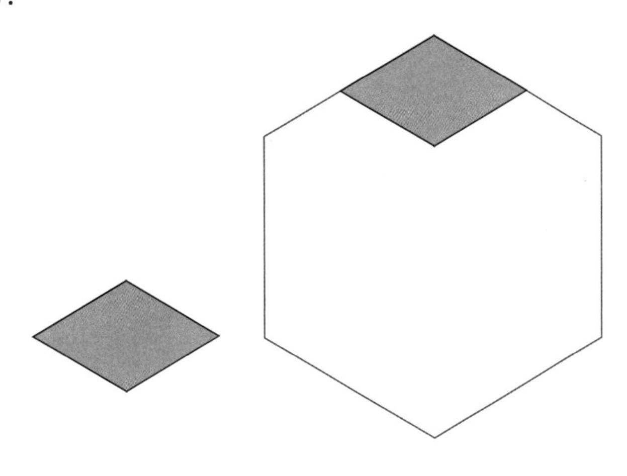

图形的变换

用多种图形覆盖平面

漫画中的数学故事

爱丽丝、李安和诺米为了开启出口，打开了最后一个机关。
他们需要通过平移、翻转和旋转补全空缺的图案。

通过对五格骨牌进行平移、翻转和旋转，可以用多种方法覆盖平面。

知识点

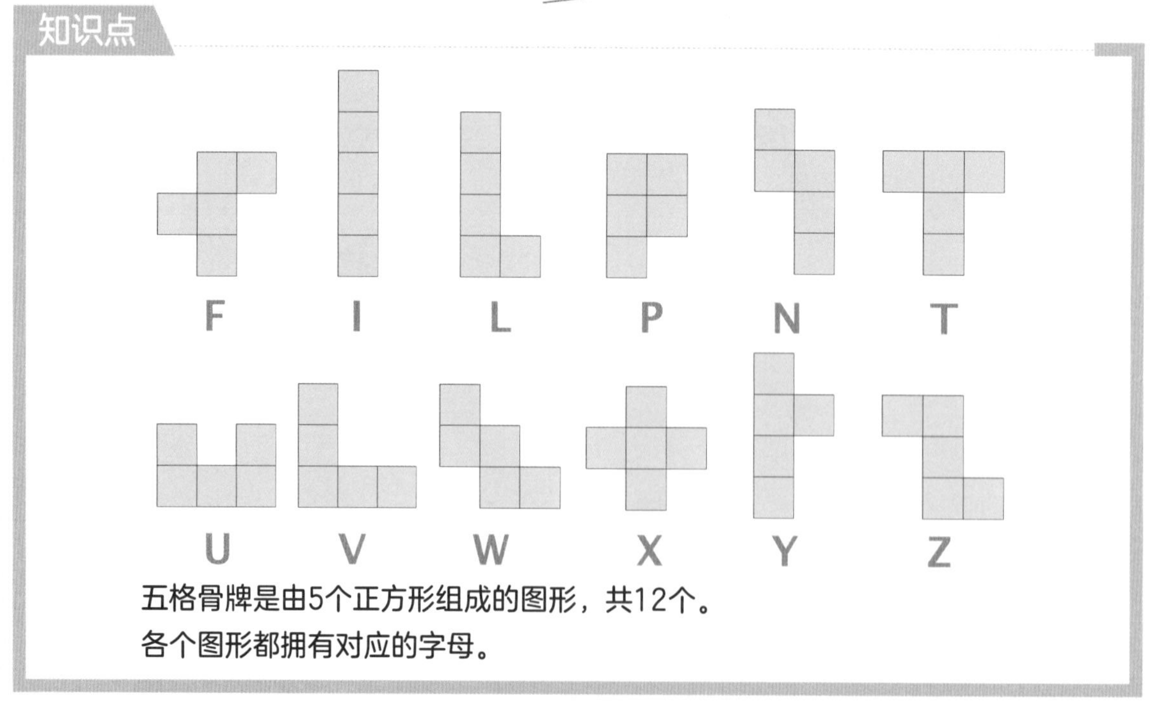

五格骨牌是由5个正方形组成的图形，共12个。
各个图形都拥有对应的字母。

练习 09 利用 覆盖下方表格。你来数一数有几个小四边形 吧?

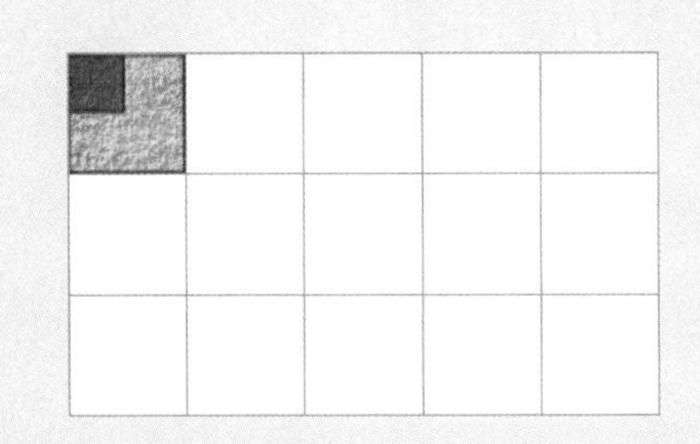

______个

练习09-1 左侧由四个正方形组成的图形叫作“俄罗斯方块”。在左侧给出的四种俄罗斯方块中选择两种以上密铺在右侧方格中。（同一图形可以使用多次）

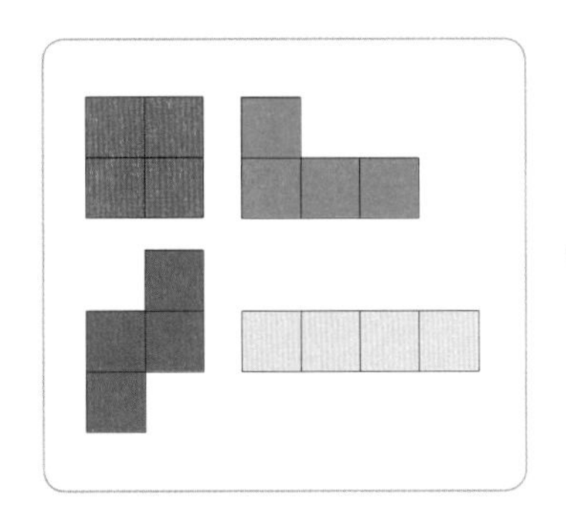

练习09-2 下图这些由5个正方形组成的图形叫作“五格骨牌”。选择6种五格骨牌密铺在右侧方格中吧。

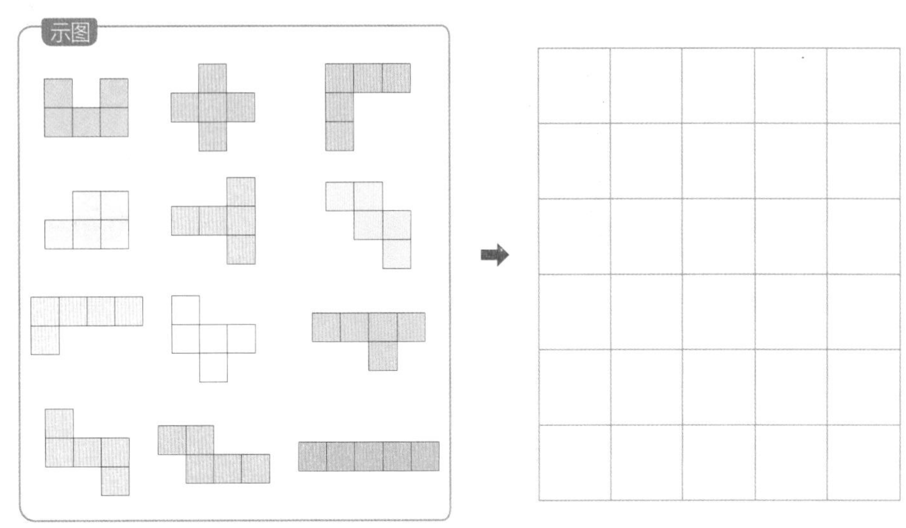

图形的变换

图形的旋转

题目 观察图画，回答问题。

1 你能结合图形变换知识说一说这幅风景画的原理吗？

2 你能运用图形变换的知识说出下面昆虫的共同之处吗？

图形的变换

图形的旋转

题目 注册网站会员时需要设置用户名和密码。根据下列条件用数字和字母写下准确的密码吧。（每个字母和数字只能用一次）

A B C D E F G H I J K L M

N O P Q R S T U V W X Y Z

1 2 3 4 5 6 7 8 9 0

密码的条件

① 数字和字母各不少于2个。

② 即使将5位密码向下翻转模样依旧不变。

③ 将5位密码分别顺时针旋转180°，模样依旧不变。

快来找一找符合条件的字母和数字吧。向下翻转模样不变的字母有BCDEHIKOX。

密码

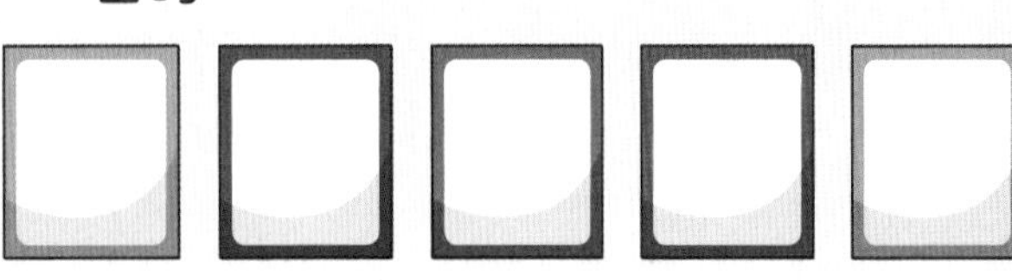

笔记

笔记

图书在版编目（CIP）数据

李安的数学冒险. 图形的变换 / 韩国唯读传媒著；
张楚卿译. -- 南昌：江西高校出版社, 2022.11
ISBN 978-7-5762-2595-2

Ⅰ. ①李… Ⅱ. ①韩… ②张… Ⅲ. ①数学－少儿读物 Ⅳ. ①O1-49

中国版本图书馆CIP数据核字(2022)第052374号

策划编辑：刘　童
责任编辑：刘　童
美术编辑：龙洁平
责任印制：陈　全

出版发行：江西高校出版社
社　　址：南昌市洪都北大道96号（330046）
网　　址：www.juacp.com
读者热线：(010)64460237
销售电话：(010)64461648

印　　刷：北京印匠彩色印刷有限公司
开　　本：787 mm×1092 mm　1/16
印　　张：10.5
字　　数：150千字
版　　次：2022年11月第1版
印　　次：2022年11月第1次印刷
书　　号：ISBN 978-7-5762-2595-2
定　　价：35.00元